와이드AR 특별판 01
Hyperpolis

하이퍼폴리스

건축가 이종호의
공공연구 프로젝트

間鄉

건축가 이종호의
공공연구 프로젝트

목차

건축가 이종호의
공공연구 프로젝트 :
김봉렬

서문

결코 꺼지지 않는 순수와 열정

회의와 같이 공식적인 대화를 나눌 때면, 그는 늘 메고 다니는 검정 백팩 속에서 노트북을 꺼내 펼쳤다. 몇 차례 화면을 보여준 적이 있는데, 그 초기 메뉴에는 적어도 세 가지 프로젝트가 진행 중에 있었다. 하나는 어느 정도 마무리되어 발표 단계에 있는 것이고, 다른 하나는 한창 연구 중에 있는 것, 그리고 나머지는 이제 막 시작 단계의 프로젝트였다. 동시 진행 중인 프로젝트의 성격도 다양했다. 이순신 기념관과 같은 건축물 설계 작품도 있었고, 경기도 전역을 다루는 국토 차원의 계획이 있는가 하면, DMZ 전시회와 같은 미술 영역의 작업도 있었다. 생전에 고 이종호 교수가 보여주었던 그 거대한 업적의 편린들이다.

그가 어떤 일을 얼마나 많이 했는지 정확히 알지는 못했다. 다만 간간히 뜬금없이 던지는 질문들, 깨달음의 기쁨에 들떠 전해주는 새로운 이론과 정보들로 비추어 나를 비롯한 대개의 건축가나 학자들은 감히 엄두를 낼 수 없는 넓이와 깊이의 세계를 구축했음을 짐작할 뿐이었다. 언젠가 그의 연구와 창작의 세계에 들어가 그가 깨닫고 이룩한 결과들만 섭렵해도 꽤 그럴싸한 지식과 견해를 거저 얻을 수 있으리라 생각했다. 그러나 그는 불시에 떠나고 말아 내 얄팍한 희망은 쓰라린 안타까움으로 바뀌고 말았다.

고 이종호 교수는 한국예술종합학교 도시건축연구소를 기반으로 정말 많은 일을 했고, 많은 업적을 남겼다. 또한 그는 늘 새로운 프로젝트를 접할 때마다 누구와 함께 할까를 먼저 생각했는데, 그 결과 비단 건축이나 도시 분야뿐 아니라 지리학, 사회학, 경제학, 인문학, 지역운동 등 다양한 전문가들과 공동 연구의 성과를 남겼다. 이 책은 그 많은 업적의 중요한 부분들을 같이 참여했던 각계의 고수들이 공동으로 작성한

보고서이며 헌사이다.

대학을 졸업하고 입사한 공간사 시절부터 건축가 이종호는 일찍이 건축계가 인정하는 될성부른 떡잎이었다. 스튜디오 메타를 설립하고 발표한 초기의 작품들로 30대 초반의 이종호는 이미 한국의 대표 건축가 반열에 들기 시작했고, 40대에는 서울건축학교의 주축으로 건축계의 리더가 되었다. 너무 일찍부터 건축계의 조명을 받은 탓일까, 아니면 건축의 한계를 절감했기 때문일까. 한예종 건축과 교수가 되고 도시건축연구소를 설립한 이후에는 건축보다는 마을과 도시와 국토에 천착했다. 이 책에 소개된 연구들은 모든 것에 대한 계획가로서 50대의 이종호가 생의 마지막까지 연구하고 제안했던 알맹이들이다.

그의 관심은 이 땅에 방치된 모든 지역의 잠재력을 찾아내는 일이었다. 아마도 그런 관심은 초기 작품인 강원도 홍천의 작은 교회들이나 대표작인 양구의 박수근미술관부터 나타났다. 단지 점과 같은 건축적 해결을 넘어 지역으로 그 범위를 넓힌 것에 지나지 않다. 평창, 대구, 나주, 순천, 광주 그리고 한강을 중심으로 한 경기도까지 그의 지역적 관심은 거칠 것이 없었다. 뿐만 아니라 서울의 내부로 파고들어 을지로, 용산 등 문제 지역을 연구하고, 더 들어가 세운상가의 재생 연구를 못 다한 채 생을 마감했다.

그의 연구들은 철저하게 공공적 가치를 우선으로 하는 것들이다. 프로젝트의 발주자들은 지자체로 대표되는 관官이었으나 대개의 관 발주 프로젝트들의 발주처의 의도를 전문적으로 포장해주는 것과는 달랐다. 그에게 중요한 대상은 시장이나 군수가 아니었고, 그 지역의 주민과 문화였다. 때문에 프로젝트의 성격에 따라 가장 적절한 여러 분야의 전문가와 공동 연구를 행하면서, 번뜩이는 아이디어와 합리적인 비전들을 무기로 시장과 군수를 설득하고 실무자들을 감동시켰다. 그와 같이 일한 연구자들은 물론이고, 관청의 공무원들도 그의 성실함과 탁월함을 존경할 수밖에 없었다. 그 숱한 어용학자나 관변업자들보다 훨씬 많은 프로젝트를 부탁받았던 비결이다.

그는 일생을 뛰어난 건축가로서, 진지한 인문인으로서, 그리고 성실한 교육자로서 살았다. 그의 이러한 성품들은 곧 연구 결과들에도 고스란히 반영되었다. 그 지역과 대상을 역사, 지리, 경제, 사회적으로 분석했으며, 대상의 잠재력을 철학적으로 사유하고 비전을 제시했다. 그의 대안들은 건축적으로 실현 가능한 것들이며, 사회적으로 달성 가능한 해법들이었다. 방향과 개념만 지시한 것이 아니라, 구체적인 공간으로, 계량적인 물량까지 제시했다. 여기의 모든 연구 결과는 냉철한 두뇌와 따뜻한 마음, 감수성이 풍부한 손까지 두루 갖춘 고 이종호 교수가 우리 사회에 남긴 소중한 선물 보따리다.

그는 2014년 2월 21일, 우리 곁을 떠났다. 아울러 다시는 이러한 넓이와 깊이를 가진 연구를 기대할 수 없다. 어느 누구도 이종호의 순수한 성품과 뛰어난 능력과 공동체적 열정을 대신할 수 없기 때문이다. 이른바 사법적 실재가 외면했던 그의 순수와 열정을 이 책에서 다시 확인한다. 그의 육신은 떠났지만, 그의 정신은 이종호라는 이름과 함께 영원히 남으리라.

2015년 2월 21일

김봉렬(친구, 한국예술종합학교 총장)

건축가 이종호의 공공연구 프로젝트

공공연구 출판 과정

김태형

이종호와 함께한 공공연구 작업 2006-2014

건축가 이종호의
공공연구 프로젝트 :
김태형

공공연구 출판의 시작

> 함께 한번 만났으면 합니다. 이종호 교수 "책" 발간 의논하려는데…….
> 우선 틈날 때 전화 주시기 바람. 민현식 (2014년 3월 19일)

2014년 봄날 건축가 민현식 선생의 문자 한 통으로 이종호 공공연구 출판은 시작되었다.

> 오는 4월 10일이 건축가 이종호가 우리 곁을 떠난 지 49일이 되는 날입니다.
> 그날 저녁 7시 대학로 b2 프로젝트 카페(동숭동 130-11, 동숭3길 6-6)에서 주변 건축가들이 함께 한잔하는 자리를 마련하였습니다. 김규식의 첼로 연주, 그리고 추모사업의 논의도 있습니다.
> 참석 부탁드립니다. 주차는 할 수 없습니다. 오시는 길에 그의 마지막 작업인 마로니에 공원을 둘러보실 수 있습니다. (2014년 3월 31일)

그날 저녁 대학로에서 건축가들과 지인들이 모여 공공연구 출판과 추모사업에 관한 논의를 진행했다.
고 이종호 공공연구 출판은 그동안 잘 알려지지 않았던 건축가 이종호의 공공연구 작업을 동료들과 보다 많은 사람들에게 알리고자 하는 취지로 시작되었다. 처음에는 단순히 기존의 공공연구 보고서를 재편집한 책자의 형태로 만들자는 것이었다.

그러나 대부분의 연구보고서가 발주처인 공공기관에 저작권이 있는 비공개의 문서라 단순한 편집은 불가능했다. 그리고 이종호가 2005년부터 몸담았던 한예종 학생들, 이종호 공공연구의 공동연구원이기도 했던 전문사 학생들은 스스로 출판을 위한 모임을 열고 이번 공공연구 출판을 통해 이종호 공공연구의 내용과 취지를 공유하고 그 진행과정을 기록하는 방식으로 공공연구 출판을 하자는 의견을 피력했다. 졸업생들과의 몇 차례 회의 끝에 공공연구 출판 작업의 최종 형식이 결정되었다.
민현식 선생의 요청과 한예종 전문사 도시건축 스튜디오에서 이종호와 서울읽기 작업을 진행하고, 도시건축연구소에서 공공연구를 함께 한 인연으로 학생들과 같이 공공연구 출판 작업을 시작하게 되었다.
우선 출판을 위한 공공연구 작업 선정이 필요했다. 도시건축연구소가 소속되었던 한예종 산학협력단 자료에 의하면 2005년부터 이종호가 참여한 공공연구작업은 59개로 상당히 많았는데 그 목록은 다음과 같다. 이 목록을 중심으로 여기에 속하지 않은 작업들을 포함하여 공공연구 출판작업 선정을 시작하였다.

59 세운재정비촉진계획 변경 수립 학술연구
58 서울총괄건축가 도입 및 발주 체계 개선 방안 마련을 위한 용역
57 향사 아트센터 건립 및 운영방안 연구용역
56 강릉예술창작인촌 활성화를 위한 연구용역
55 한국예술종합학교-을지로전
54 창조도시 공간자원 분석 및 공간활용방안 연구용역
53 중계본동 백사마을 주거지보전사업 디자인가이드라인 수립 용역
52 상도3동 학생공모전 당선작 주민의견수렴 기초조사용역
51 한류관광 MICE복합단지 개발 기본구상 및 타당성 분석
50 순천도심 문화생태지도 작성 연구 용역
49 단재영당 및 묘소 종합정비 기본계획 수립
48 임권택 시네마공원 조성사업 기본설계용역
47 중리초등학교(폐교)활용방안 및 기본구상 용역
46 마로니에공원 기본 및 실시설계용역
45 차세대 고속철도 차량 디자인 개발 (4차년도)
44 NES단지 Image Drawing용역
43 공공지구 지구지정 용역
42 경기도 지역별 정체성 구상 연구용역
41 고마복합예술센터 계획설계 및 기본설계용역
40 임진강・한탕강 연안지역 관리
39 (구)주왕산 초등학교 증개축공사
38 문화부분 상품 기획 컨설팅 용역 2차
37 국토환경(건축)디자인 시범사업 마스터플랜 개발 연구 용역
36 청심 NES Project 연구용역
35 차세대 고속철도 차량 디자인 개발 (3차년도)
34 신안군 게르마늄 젓갈타운 조성에 따른 마스터플랜

33 문화부분 상품 기획 컨설팅 용역 용산개발1차
32 대구문화창조 발전소 기본계획 수립
31 한강연안지역 활용방안 연구용역
30 영인면소재지 컨셉설계 학술용역
29 차세대 고속철도 차량 디자인 개발
28 경주박물관 서별관 개보수공사 실시설계 용역
27 경주쪽샘지구정비 기본계획수립
26 다산유적지 종합정비 기본계획
25 경기전 유물전시관 기본설계용역
24 차세대 고속철도 디자인 개발
23 백호문화관 건립에 따른 기본계획용역
22 봉하마을 관광지조성 정비 기본계획 학술연구용역
21 태강릉전시관 기본 설계
20 한국예술종합학교 통합캠퍼스 마스터플랜 기초연구
19 나주 도래전통마을 조성계획 용역
18 나주 복암리 고분전시관 기본설계 용역
17 갤러리 파크 조성디자인 기본구상 연구용역
16 서울특별시 청사 증축공사 기본설계를 위한 자문 용역
15 건축 도시공간에 있어 한국문화성을 표현하는 설계
14 나주 복암리 고분전시관 건립에 따른 기본계획 용역
13 성남판교지구 단독주택 용지 경관형성을 위한 연구
12 제주유배문화관 및 추사유물 전시관 설계 용역
11 국가(공적재원)에 의한 대학설립시스템 개선(법인화) 방안 1차
10 경상남도 어린이 영상문화관 DVD제작
9 무주 조각공원 조성사업
8 봉평 중고교 부지활용 운영계획 및 프로그램 개발용역
7 세계 태권도 공원 조성사업 마스터 플랜 기본 구상 용역
6 천문과학관 신축공사 실시설계 용역
5 추사 유배 유물 전시관 건립 타당성 조사
4 문화의 거리조성 기본계획 용역
3 문화도시 순천 만들기 기본계획 용역
2 어린이 영상문화관 건립 연구용역
1 광주 문화중심도시 기본 구상

공공연구 작업의 선정과 재해석

공공연구 선정 작업은 이종호가 평소에 의미를 두고 도시건축연구소 포트폴리오를 위해 선정했던 작업, 최근의 작업, 공동연구자 협조가 가능한 작업을 중심으로 선정되었다.

이종호 공공연구 출판은 기존 연구보고서의 단순한 요약이나 이미지 위주의 편집보다는 연구에 참여하였던 공동연구원과 제자들이 건축가 이종호가 어떤 공공연구 작업을 하였고, 그 작업의 의미는 무엇이었는지를 이해하고 그것을 재해석하는 과정이었다. 형식이 결정된 후 참여했던 공동연구자들에게 직접 연락하고 협조와 동의를 구하여 14개 주제 16명의 필진을 선정했고, 필진과 학생들이 모여서 4차례의 발표 과정을 거치고 그 결과를 책으로 엮기로 했다.

2014년 5월 26일 한예종 건축과 이종호의 연구실에서 첫 번째 공공연구 발표 모임을 시작으로 6월 30일, 7월 21일, 8월 25일 3차례에 걸쳐 공공연구 발표 모임을 아트선재에서 개최했다.

자세한 진행과정과 발표자는 다음과 같다.

1차

2014년 5월26일 월요일 오후7시, 한예종 미술원 건축과

- 순천문화생태지도 작성 및 공공디자인 시범사업, 녹색신도시 특화단지연구 | 김태형
- 한강변 대안 신도시 모형연구 | 김성우

2차

2014년 6월 30일 월요일 오후7시, 아트선재

- 을지로와 세운상가의 연구와 실천과정 | 이종우, 원홍재
- 임진강, 한탄강 연안지역 활용방안 연구, 한강 연안지역 활용방안 연구 | 정이삭
- 순천문화도시연구, 지방도시 공공연구 작업 | 김광수

3차

2014년 7월 21일 월요일 오후 5시, 아트선재

- 용산역세권 개발 문화전략연구 | 최도인
- 평창 감자꽃 스튜디오 등 폐교활용 공공연구 | 이선철
- 대구문화창조발전소 연구 | 이진오
- 나주, 봉하마을 관련연구 | 박성진

4차

2014년 8월25일 월요일 오후 5시, 아트선재

(최종 발표자와 책임필진 모두 참여한 공동토론회)

- 전원도시 과천 비전 수립연구, 공공연구와 공공정책 | 조명래
- 광주 문화도시 연구 | 이무용
- 임진강, 한탄강 연안지역 연구와 리얼 DMZ 프로젝트 | 김선정
- 기업 업무공간의 창의성 제고 연구 | 전수환
- 평양과 서울 비교 연구 | 변창흠
- 공공연구와 건축가: 서울 세운상가에서 발터 벤야민 미학을 강연한 맥락 | 강수미

이종호와 함께한 공공연구 작업:
이론과 실천 2006-2014

한예종 전문사 도시건축 스튜디오에서 2006년부터 시작된 5년간의 서울 읽기 작업; 용산(2006), 지하철2호선(2007), 한강(2008), 내부순환도로(2009), 외부순환도로(2010)와 그 이후 을지로(2012), 을지로2 (2013), 서울도심거주(2014) 등의 서울도심 연구작업과, 한강연안지역활용방안 연구(2009)를 시작으로 순천도심 문화생태 지도작성 연구(2012)까지 도시건축연구소에서의 작업 등 건축가 이종호의 공공연구 작업을 오랫동안 함께할 기회를 가졌다.

한강변 대안 신도시 모형연구에서는 기존의 조닝기법에 의한 이차원의 도시계획이 아닌 실제로 지형을 고려한 "삼차원의 신도시 계획"을 시도하였고, 경기동북부 녹색 신도시 특화단지연구와 과천신도시연구에서는 "고밀전원" 개념과 기존의 건폐율, 용적률과 함께 대안적 도시관리 방법으로 기존의 OSR개념을 수직적, 공공영역으로 확장한 "오픈스페이스 비율"을 제안했다.

순천도심활성화 연구에서는 "도시침술을 통한 도심재생" 방법을 공유했고 대구창작발전소와 국립현대미술관 현상설계에서는 규정되지 않은 문화공간으로서 "블랙박스, 화이트박스, 그레이박스" 등을 이야기했다. 이처럼 여러 차례 공공연구를 통해 당장의 문제 해결보다는 대안적이며 도시건축적으로 실행가능한 개념들의 발굴과 실천에 관한 많은 이야기를 나누었다.

건축가 이종호의 공공연구 프로젝트 : 김태형

기실 대학로라는 커다란 공간에서의 표면적 만남이 아닌 이종호와 본격적으로 건축에 관한 이야기를 나눈 것은, 2007년 조성룡이 동대문디자인플라자 국제현상설계에 지명을 받고 이종호의 주장에 의해 현재는 사라진 동대문운동장을 바로 발밑에서 내려다보는 곳에 임시사무실을 얻어 조성룡, 정기용, 홍순재와 석 달 동안의 행복한 기거를 할 때라고 기억한다. 많은 추억이 있지만 여러 차례 현상설계안을 위한 아이디어 논의에서 정기용의 순수하고 낭만적 스케치를 나즈막한 목소리로 나무라던(?), 항상 탄탄한 논리와 "근사한" 아이디어의 서사를 테이블 위에 꺼내놓게 만들던 조정자로서의 건축가 이종호를 기억한다.

경합 끝에 2등 소식을 접했던 아쉬움의 아주 오래된 기억은, 현재 완성되어 서울의 랜드마크로 위용을 과시하는 자하 하디드의 DDP가 아니라 그곳에 이종호와 함께 고민했던 DDP가 있으면 어떨까 하는 상상과 함께 그의 빈자리에 대한 안타까움을 다시 환기시킨다.

동대문에 이어 석관동에서 함께 작업하고, 매년 여행마니아조차 가슴 설레게 하는 여행지를 소개하고 그곳에 건축가들을 모아 취하고 수다 떨게 하는 추억을 만들어주던, 무엇보다도 어떤 다른 건축가들과도 공유하지 못하는 폭넓고 강건한 도시와 건축의 비전을 나누던 선배이자 친구이자 동료인 이종호. 그와 함께 했던 도시건축연구소와 그의 흔적을 더 이상 볼 수 없다는 사실이 슬프다.

지금 그가 마지막 둥지를 틀고 함께 연대를 요청했던 세운상가 가동과 을지로가 내려다보이는 새로운 공간에서 이종호가 마치지 못한 벤야민 공부와 꿈꾸었던 것, 떠나기 전 마지막 날 우리와 나누고자 했던 것은, 그러나 끝내 약속을 지키지 못한 그것은 과연 무엇이었을까를 다시 생각해 본다.

그것은 단순한 낭만적 이론이나 허상이 아닌, 지금 나의 발밑에 강건히 뿌리를 내리고 있는 우리도시의 이해 그리고 또 다른 하나의 실천을 향한 "근사한 서사"가 아니었을까…….

이번 목요일 여섯 시입니다.
왜 지금 벤야민을 함께 꺼내 들었는지, 그건 지난해 강수미 님이라는, 강고한 글쓰기의 연구자를 만났기 때문입니다.
그런데 왜 세운에서인지. 그건 제가 두 해 전 이 도시복합체 세운이 형장으로 가는 길목에서 다시 만났기 때문입니다.
그 무렵이 또한 전문사 과정 중에서 〈메트로 막시즘〉(앤디 메리필드)과 〈벤야민과 메트로폴리스〉(그램 질로크)를 재료로 한 [이론과 실천] 세미나 수업을 겨우겨우 마쳤을 때였습니다.
서쪽에서 생산되는 도시 이야기를 만날 때마다 그 이야기의 절절한 대상이 그곳에 있기보다, 사실은 지금 여기 '초월도시-hyperpolis' 속에서 더욱 생생하게 살아있다는 생각이 들곤 합니다.
후기산업사회의 도시로 올수록 더욱 더 그러합니다. 프랑소와즈 아쉐르의 〈도시주의의 새로운 원칙들〉의 경우가 그랬습니다.
현재 진행형의 사상가 벤야민 역시 그 대열에 있습니다. (제 표현이고 아전인수겠지요)
그렇다고 그의 말투를 이곳에 들이대며 흉내내는 일은 전혀 필요치 않습니다.
바라보는 법, 읽어내는 법, 엮는 법에 대한 원모(遠慕)일 뿐.
현실적으로는 세운, 이 복합체(다양체라고 부르기도. 왔다갔다 합니다)의 앞길을 가늠해야 하는, 아무도 시키지 않은 욕망도 있어 그것을 함께 나누고 싶기도 합니다.
혹시 동의하신다면 우리 강의가 끝나는 날, 20일 4시에 모여 제가 알고 있는 세운 이야기를 전해 드린 후 함께 더 진전된 이야기를 나눌까 합니다.
이번 목요일은 치과 시술로 시간, 상태 모두 좀 그렇습니다.
목요일에 뵙겠습니다.
(리콜 부탁합니다)
이종호 (2014년 2월 4일의 메일)

오늘 네 시 모임은 제 일정상 취소해야겠습니다. 여섯 시 모임은 그대로 합니다. 확인 바랍니다. (2014년 2월 20일의 문자)

김태형

도시건축가. 김태형도시건축 대표. 서울대학교 경영학과와 건축학과를 졸업하고 미국 컬럼비아 대학교 대학원에서 건축을 공부하였다. 현재 김태형 도시건축연구소(OUEM) 대표이자 도시계획전략전문가로 활동하고 있다. 아시아 도시현상과 대안적 도시개발 연구와 실천에 관심을 가지고, 다양한 전문가 집단과 협업을 통해 도시 거주자와 지역의 경제적, 사회적 삶에 실질적 도움이 되는 도시공간 실현의 비전을 가지고 있다. 최근 작업으로 〈한강 연안지역 활용방안 연구〉(2009), 〈임진강 · 한탄강 연안지역 활용방안 연구〉(2009), 〈판교 생태 학습원〉(2010), 〈중국 연대 복합 연구단지 마스터 플랜 및 기본설계〉(2012), 〈순천 문화생태지도 및 공공디자인 시범사업〉(2012), 〈파주출판단지 푸른사상사 사옥〉(2015) 등이 있다.

이론의 탐구 I

건축가 이종호의 공공연구 프로젝트

강수미

공공연구와 건축가: 서울 세운상가에서 발터 벤야민 미학을 강연한 맥락

건축가 이종호의 공공연구 프로젝트 : 강수미

공공성의 내부

'개인적인 것이 정치적인 것이다.The personal is political.' 여성주의 운동가 캐롤 하니쉬Carol Hanisch가 선언적 성격이 강한 글에 제목으로 붙인 이 말은 1970년대 내내 페미니즘을 대표하는 슬로건으로 기능했다. 그 이후로 문장은 단순하지만 의미심장한 이 말은 페미니즘 영역을 넘어 여러 다양한 분야에서 각자의 맥락과 상황에 따라 광범위하게 전용되고 있다. 하지만 그런 과정에서 애초 하니쉬가 '개인적인 것'과 '정치적인 것'을 동일화하면서 주장하고자 했던 내용이 모호해졌는데, 그럼 본래 내용은 무엇인가? 당시 여성해방운동이 '여성'이라는 존재를 집단적 차원에서만 인정함으로써 오히려 내부적으로 쌓인 문제, 즉 구체적 여성 개인들의 생각, 선택, 행위의 개별성을 간과한 상황을 문제시하는 것이 하니쉬의 의도였다. 그 대안으로 '개인적인 것이 정치적인 것'이라는 관점의 도입을 촉구했던 것이다. 개개인으로서 여성에 대해서는 기껏해야 '치료therapy'의 관점에서 문제에 접근하는 페미니즘 내부의 모순을 지적하고, "정치에 무관심한 여성들의 의식 속에 있는 것 또한 우리 스스로 가지고 있다고 생각하는 어떤 정치적 의식만큼이나 유효하다"**주1**는 점을 일깨운 맥락이 그와 같다.

고故 건축가 이종호가 생전에 수행했던 공공연구를 논하는 이 자리에서 내가 '개인적인 것이 정치적인 것'이라는 모토의 내력과 원래 그 말이 가졌던 문맥을 꺼내든 이유가 있다. 나의 의도는 그 말을 통해서 어떤 사적인 차원이 공공성, 집합적 교감, 나아가 하나의 정신적-감각적-심리적 커뮤니티를 구성할 수 있는 '선한 의지'를 맹

주1. Carol Hanisch, "The Personal is Political", http://www.carolhanisch.org/CHwritings/PIP.html

아로 품고 있음을 강조하는 것이다. 그런 의미로 개인적인 것은 여전히 정치적이다. 미리 말하자면 여기서의 개인적인 것·사적인 차원이란 이종호의 요청으로 내가 세운상가의 한 작은 방에서 4회에 걸쳐 '벤야민 강연'을 했다는 사실이다. 그 강연은 대학이나 여느 협회가 기획한 공식 특강도 아니고, 공개 컨퍼런스나 심포지엄의 형태도 취하지 않았다. 다만 이종호를 비롯해 각자의 전문분야에서 활동하고 있는 일곱, 여덟 명 정도가 자유롭게 청중으로 참여하고, 강연자로서 나 또한 그 청중들에게서 이러저러한 지적 자극을 받을 수 있었던 비공식적인 지식 나눔의 장場이었다. 형식적으로 보면 분명 세운상가에서의 벤야민 강연은 사적 차원에 속한다. 하지만 그럼에도 불구하고 그 강연은 통상 우리가 좁은 의미로 또는 공공성과 비교해 다소간 부정적인 의미로 말하는 개인적인 관심이나 경험을 넘어선 것이었다. 무엇 때문에, 어떻게 넘어섰다는 말인가? 이 글에서 다루고자 하는 것이 바로 그 점이다. 형식적으로 틀지어진 공공성 내부의 빈 자리, 외적 형식으로는 포착할 수도 없고 드러낼 수도 없는, 정신적이고 심리적이며 감각 지각적으로 개별적인 공공성을 짚어보자는 것이다.

책이 매개한 공공성

건축가이자 교수이자 공공연구가였던 이종호와 나의 인연은 개인적인 데서 시작했다. 그러나 과연 그것이 개인적이기만 했을까? 어쩌면 그 인연 안에는 공적인 요소가—행정 문서 등을 통해 확보되는 공공성의 경계 이쪽과 저쪽을 모두 포괄한 의미에서—더 크게 작용하고 있었을 것이다. 『아이스테시스: 발터 벤야민과 사유하는 미학』이라는 한 권의 책이 우리를 이어줬는데, 사실 그 책은 2013년 가을 글항아리 출판사에서 펴낸 나의 벤야민 연구서다. 하지만 동시에 그 책은 누구의 소유라고도 말할 수 없는 유동성으로 새로운 관계를 만들어주었다. 이를테면 벤야민에서 강수미로, 강수미에서 이종호로, 그리고 강수미와 이종호에서 민현식, 장현식, 이종우, 김태형, 이정희, 이민아 등으로. 그 책이 다룬 벤야민의 미학과 마찬가지로 우리는 그 책을 매개로 세계, 역사, 인간 개개인의 현존, 지식, 도시, 집합적이고 공적인 삶, 공공성의 가치와 방법에 대한 서로의 관심 또는 지향을 공유하고자 했다. 또 그 책이 계기가 되어 우리는 서로 얼굴을 맞대고 벤야민이 사유했던 과거와 우리가 살아내고 있는 현실을 교차해가며 논할 수 있었다. 시작은 개인적이었고, 그 과정은 짧았다. 하지만 나는 한 권의 책이 매개체가 돼 함께 나누게 된 우리의 사유와 경험이 어떤 내력을 거쳤는지 여기에 밝힐 가치가 있다고 느낀다.

2013년 11월 21일 초겨울 오후 한 시쯤. 나는 낯선 이로부터 다음과 같은 내용의 이메일을 받는다.

> 강 선생님,
> 한국예술종합학교 건축과 선생으로 있는 이종호라고 합니다.
> 불쑥 드리는 메일 이해를 구합니다.
> 저서 『아이스테시스』를 읽다가 글항아리에 연락처를 물었습니다.

요즘 제가 세운상가 가동에 조그만 방을 얻어 연구학기를 보내고 있습니다.
지난 학기에 대학원 세미나 수업에서 그램 질로크의 책『벤야민과 메트로폴리스』라는 책을 잠시 다룬 일이 있었습니다. 학생들 스스로의 강독과 저의 모자라는 인솔에 의한 수업이었습니다.
선생님 글을 읽다보니 참으로 제가 터무니없는 일을 벌였구나 하는 생각이 많이 들었습니다.

이번 학기가 지나가기 전에 선생님을 통해서 벤야민을 만나보는 시간을 갖고 싶습니다.
아무래도 주된 관심은 도시와 얽힌 벤야민이 되겠구요.

아 그리고 요즘 제가 세운상가 가동에 조그만 방을 얻어 그곳에서 주로 지내고 있습니다.
헐려고 했던 정책을 뒤집는 일에 관여했고 지금은 그 뒷일을 모색하고 있는 중입니다.

선생님의 시간이 허락하시면 주 2회 네 번 정도의 시간으로 함께 벤야민에 입문하는 기회가 되기를 바랍니다.
세운 가동 내부 홀이 아주 근사합니다.

안녕히 계십시오.

이종호

조심스럽지만 명확히 메시지를 전달하는 문장. 겸손하면서도 보낸 이의 뜻을 유추할 수 있는 정황 설명. 그러면서 동시에 받는 이가 궁금증에 못 이겨 답장에 이러저러한 추가 설명이나 의견을 묻도록 이끄는 힘을 지닌 편지. 처음 메일을 열었을 때, 나는 건축가로서든 한예종 교수로서든 그가 낯설었다. 하지만 메일에서 받은 인상 때문에 어쩐지 그를 좀 알 것 같은 느낌이 들었다. 그리고 무엇보다 나를 안심시켰던 점은 그가 벤야민에 관심이 있고, 학생들과 그 이론을 공부한 적이 있으며, 게다가 세운상가에 방을 얻어 지내면서 벤야민을 공부하고 싶어 한다는 말이었다. 다른 사람들은 어떨지 모르겠지만 적어도 내게 세운상가와 벤야민은 단번에 원래 그랬던 것처럼 가까운 관계로 여겨졌다. 또한 벤야민을 알고 싶어 하는 건축가가 세운상가의 보존 및 개선 정책에 관여했고, 바로 그 곳의 작은 방에서 연구를 이어가고 있다는 사실만큼 자연스럽고 믿음직한 일이 없어 보였다. 편지를 읽으면서 문득 유태계 독일 지식인 벤야민이 경제적으로 매우 궁핍한 처지에다가 나치즘이라는 정치적 위협에 고스란히 노출된 상태에서도 파리의 아케이드와 파리 국립도서관 문고서를 벗어나지 않았던 모습을 떠올렸던 것도 사실이다. 서구 모더니티의 문제적 원사原史, Urgeschichte를 밝히기 위해서 말이다.

우리는 여기서 피상적인 의미로 19세기 파리의 아케이드와 벤야민을 21세기 서울의 세운상가와 이종호에 유비시켜 볼 수 있다. 그러나 내게는 좀 더 구체적인 의미가 있었다. 20세기 초 벤야민은 19세기라는 가까운 과거를 현재와 연관관계로—인과관계가 아니라 공속관계—놓고 고찰함으로써 동시대인이 처한 현실의 진정한 면모를 알고자 했다. 그것이 벤야민의 역사철학이며, 아케이드는 그 역사철학이 주목했던 과거의 구체적 공간이자 인간학적 유물론anthropologische Materialismus의 연구대상이었다.주2 나는 이종호가 보낸 첫 메일을 읽으며 현재는 심각하게 쇠퇴한, 20세기 대한민국 근대화의 상징 중 하나인 세운상가에서 벤야민을 함께 공부하자고 하는 이가 그 점을 꿰뚫고 있다는 생각이 들었다. 파리 아케이드의 깊고 음울하면서도 풍부한 역사적 의미를 담고 있는 과거와 세운상가의 노후하고 뒤처졌으면서도 여전히 존속하고 있는 현재 상황이 그렇게 한 낯선 이의 조심스러운 요청을 담은 편지와 더불어 내 의식의 수면에 떠올랐다. 그리고 초대에 응하는 답 메일을 쓰면서는 우리가 앞으로 어떤 벤야민을 공유할지, 어떤 세운상가를 경험하게 될 것인지 조심스러운 기대감이 솟아났다.

주2. 이에 대해서는 강수미, 『아이스테시스: 발터 벤야민과 사유하는 미학』, 글항아리, 2011, pp. 294-324 참고할 것.

세운상가와 벤야민과 파리 아케이드와……

관계를 짓자고 치면 세상에 얼마나 무수하고 다양한 관계들이 가능하겠는가. 하지만 나는 여기서 그 폭을 좁혀 이 글이 바탕으로 삼은 관계를 조용히 꼽아본다. 서구 유럽의 과거와 한국의 현재. 서울의 세운상가와 파리의 아케이드. 2013년 말~2014년 초와 19세기, 2013년 말~2014년 초와 1927~1940년, 19세기와 1927~1940년. 그리고 벤야민과 나, 이종호와 벤야민, 나의 책과 이종호, 벤야민과 나와 이종호, 벤야민과 파리 아케이드와 이종호와 세운상가와 나. 공간의 면에서, 시간의 차원들에서, 주체의 작용 측면에서 가늠해보니 대략 이런 관계들이 별자리처럼 그려진다.

내가 그린 관계들이 독자들 입장에서는 약간 어수선하고, 금방 머리에 들어오지 않을 것 같다. 다른 항목은 차치하더라도, 특히 2013년 말에서 2014년 초라는 시기와 1927년에서 1940년까지라는 시기가 무엇을 뜻하는지 모호할 것이다. 전자는 간단하다. 그 시기는 내가 처음 이종호에게 강의 요청을 받았던 때부터 네 번의 강연을 마쳤던 때인 2013년 12월에서 2014년 2월까지다. 후자의 시간은 조금 더 중요한 의미를 갖는다. 그 기간은 명시적으로 벤야민이 파리에 거주하면서 『아케이드 프로젝트』에—저자 자신은 '파사주작업Passagenarbeit' 또는 '파사주들Passagen'이라고 불렀던- 매달렸던 때이다. 당시 그는 19세기로부터 표류해온 수많은 역사의 파편들, 무의미하거나 무가치하다고 평가 절하됐던 것들을 지식의 넝마주이처럼 그러모으고, 역사철학의 점성술사처럼 성좌관계로 배치하고, 인식론의 비판적 주석가처럼 인용하고 논평해 나갔다. 하지만 그의 생애 후반 짧게 잡아도 십삼 년 이상을 바친『아케이드 프로젝트』는 1000여 페이지가 넘는 방대한 문서, 즉 1935년과 39년에 쓴 두 개의 개요Expose와 노트 및 자료를 모아 알파벳 표제로 묶은 36개의 묶음들Konvolutes 상태에서 멈췄다. 결국 미완성 연구가 되었다는 말이다. 그 사실은 19

세기 전반기 동안 아케이드가 "건축적 유형으로서 규범적 위상을 부여받지"**주3** 못했다는 점과 호응하는 듯 보인다. 즉 저자의 역량이나 처한 상황 때문에 연구가 충분히 완결되지 못했다기보다는 아케이드라는 연구대상이 당대 건축의 한 유형으로 결정화될 수 없었던 사실을 공유하듯이 벤야민이 자신의 연구를 파편적이고 유동적이며 열린 상태로 둔 것이 아닌가 싶은 것이다. 그리고 이종호가 유명을 달리한 지금, 나는 '파사주작업'에 말년을 바친 벤야민의 시간과 세운상가에서 짧게나마 나와 함께 벤야민을 알아나갔던 그의 마지막 시간이 뭐라 특정하기 어려운 질적 유사성을 갖고 있다고 느낀다. 실증적 결과물과 실용적 이득에 매이지 않은 채 무엇인가 흥미 있고 가치가 있다고 여기는 일에 순간순간 최선을 다해 임하기가 그것이다. 물론 둘의 운명을 낭만적으로 연결해보려는 의도는 내게 없다. 다만 위에 쓴바, 한 권의 책이 매개가 돼 형성된 사적이면서도 공적인 여러 관계들이 현실적인 면에서만이 아니라 사변적인 측면에서도 연결된 것 같다는 얘기다.

주3. Brian Elliott, Benjamin for Architects, 이경창 역, 『건축가를 위한 벤야민』, 시공문화사, 2012, p. 41.

파리 아케이드를 중심으로 서구 모더니티를 비판적으로 재고한 벤야민의 사유와 세운상가에 강의하러 다니면서 내게 떠올랐던 생각들의 병치로 그 사변들의 관계를 더듬어보자.

어떤 공간과 시간과 주체의 관계 및 작용에도 이미지가 존재한다. 예를 들어 1822년 경 파리에서 처음 아케이드가 들어설 즈음 아직 '아케이드'라는 새로운 공간이 뭔지 모르는 부르주아 집안의 소년이 있다고 가정해보자. 하지만 그 아이는 거길 다녀온 어른들이 "아케이드는 하나의 도시, 아니 축소된 세계" 같다거나 "상품들의 위대한 시가 각양각색의 시구를 노래"**주4** 하는 것 같다는 감상을 들은 후 그곳을 자기가 이전에 봤던 백과사전이나 과학 잡지의 풍부하고 신기한 이미지들과 연관시켜 상상할 수 있다. 19세기 전반기 유럽 도시에 출현한 휘황찬란한 상품들의 천국 아케이드를 사람들이 처음에 어떻게 이매지네이션 했는지에 대해 벤야민이 그같이 썼다.

주4. Walter Benjamin, Das Passagen-Werk, 조형준 역, 『아케이드 프로젝트 1』, 새물결, 2006, p. 92. 전자는 벤야민이 『그림으로 보는 파리 안내』에서, 후자는 오노레 드 발자크의 「파리의 불르바르들의 역사와 생리학」에서 인용한 것이다.

> 어렸을 때 『우주와 인류』나 『지구』같은 대형 백과사전 또는 『새로운 우주』의 최신호를 선물 받으면 우리는 누구랄 것도 없이 제일 먼저 총천연색으로 된 '석탄기의 풍경' 또는 '빙하기 유럽의 동물의 왕국'에 달려들며, 마치 한눈에 알아본 것처럼 어룡과 나이 어린 수소, 매머드와 삼림지대 사이의 묘한 친화성에 끌리지 않았던가? 그런데 이와 동일한 공속성과 원초적 친근성은 아케이드의 풍경에서도 드러난다. 유기체의 세계와 무기물의 세계, 비참한 궁핍과 뻔뻔스러운 사치가 극히 모순적으로 결합되어 있으며, 상품은 온통 뒤죽박죽된 꿈속에 등장하는 이미지들처럼 온갖 것을 뒤섞어 밀어 넣고 있다. 소비의 원풍경."**주5**

주5. Walter Benjamin, Das Passagen-Werk, 조형준 역, 『아케이드 프로젝트 II』, p. 1848.

과거 아케이드는 산업혁명 덕분에 번창한 직물 거래와 그에 발맞춰 사람들의 마음에 점증하게 된 사치를 향한 욕망, 그리고 자본계급의 투기가 빚어낸 합작품으로서 이전 시대의 원초적인 꿈과 다음 시대의 상품자본주의 환등상Phantasmagoria을 동시에 품은 대상이었다. 19세기 초 유럽 대도시 곳곳에 화려하게 들어서며 유행의 절정을 달렸지만, 겨우 한 두 세대가 지나자마자 벌써 퇴물 취급을 받게 된 아케이드의 운명이 그 양가성을 상징적으로 보여준다. 벤야민은 그 가까운 과거사를 모더니티 내부의 자연사와 현대사가, 유토피아적 약속과 몰락의 징후가 중첩된 과정, 특히 근대 자본주의사회의 특징인 상품물신과 소외가 상징적으로 드러난 양상으로 인식해서 위와 같이 썼다. 요컨대 자본주의 상품 소비를 위해 마련된 당시 최고 첨단의 상가였지만 짧은 시간 사이에 빙하시대 공룡처럼 사라지고 매머드처럼 도태해간 19세기 소비의 근원적 풍경으로서 아케이드.

2014년 1월 9일 오후 5시 반쯤의 세운상가. 나는 벤야민 특강 첫 회를 하기 위해 '세운상가 가동 852호'라는 데를 찾는다. 그리고 어둑어둑 1층의 조명가게와 냉난방 가전제품가게와 CCTV 등 전자용품 판매점이 따닥따닥 붙은 좁은 길을 걸어 건물 중간쯤 숨기듯 설치된 엘리베이터를 탄다. 벤야민은 원경이 막혀 있는 구조의 19세기 파리 아케이드를 '질식당한 원근법'이라고 표현하면서 '입체경stereoscope'의 시각에 결부시킨 적이 있는데주6 바로 그 같은 시각을 21세기 서울에 잔존해 있는 세운상가가 유발해서 자못 놀란다. 서울사람들이 대체로 익숙해 하는 동서방향이 아닌 남북방향으로 종로-청계천-을지로-퇴계로를 횡단하는 1km 길이의 건물 축, 선형원근법처럼 분명히 건축물의 외곽선이 하나의 소실점에 반듯이 수렴하는 것 같아도 마치 입체경을 볼 때처럼 시선이 분절되고 깊이감이 없어 어른어른 착시가 생기는 곳. 온통 무채색 콘크리트로 둘러쳐진, 길쭉하게 네모난 모양의 낡고 허름한 상가. 세운상가의 인상이다. 목 좋은 입구 쪽에서 본 휴대전화 영업점이 생경할 정도로 첨단이나 최신과는 거리가 멀어 보이는 지난 시대의 쇼핑몰. 그 휴대전화 판매업자도 홍대 앞이나 시내 다른 곳의 업자에 견주면 늙수그레해 보이는데 그 사람을 어린애로 만드는 고령의 상인들이 한 칸짜리 가게에 들어앉아 마냥 권태롭게 손님을 기다리는 상점가. 그리고 사무실과 아파트가 혼재된 상층부로 올라가자 저층의 상점가보다 더 적막한 공기 속에서 마치 이 건물의 황금기였던 1970년대 초반쯤에서 튀어나온 것 같은 분위기를 풍기며 띄엄띄엄 보이는 사람들. 게 중에는 정말 내가 1970년대 말~1980년대 초반 TV 드라마에서 봤던 사장님, 사환언니, 짐꾼 같은 이들이 있었다. 승강기를 타고 8층을 오르는 동안 한물간 스타일의 검은 코트를 입고 검은 가죽장갑을 낀 손에 검은색 손가방을 든 금테 안경의 늙은 남자가 탔다. 그리고 다른 층에서는 기술자들이 입는 감청색 점퍼를 입은 나이 든 남자가 탔다. 아는 사이인 듯한 그 둘은 이내 나직하지만 걱정과 불만이 분명히 드러나는 어투로 "추운데, 경기도 바짝 얼어붙었다"고, 그것도 "십여 년째 이러니, 이제는 정말 끝난 것"이라고 대화했다.

주6. Walter Benjamin, 『아케이드 프로젝트 II』, p. 1855.

내가 852호에 도착해 이종호를 비롯해서 전부 처음 만나는 사람들과 어색하게 짧은 인사를 나눈 후 강연을 시작하자마자 "세운상가와 벤야민이 무척 미스터리하게 어울린다"고 했던 데는 바로 그런 배경이 있었다. 말하자면 탐정소설에서나 느낄 수 있는 지적 흥미와 시대착오성과 동화적(그러나 결코 마냥 행복하지는 않은) 상상력이 솟아나 뭔가를 파헤치고, 보고, 읽고, 생각하고, 털어놓고 싶은 물리적 공간으로서의 세운상가와 이론적 공간으로서의 벤야민이 그렇게 겹쳐졌던 것이다.

요컨대 생전에 이종호가 「세운상가군의 잠재력」이라는 글에서 썼듯이 지난한 내력을 가진 세운상가는 그리 낙낙하고 낭만적인 이야기로 둘러쳐도 좋은 곳이 아니다.

> 세운상가군이 살아남았다. 1967년 지어지자마자 "서울의 새로운 상징, 노른자위" 등으로 불리다가 10년도 지나지 않아 "서울의 도심 한복판 도로부지에 괴물처럼 남북을 가로질러 드러누워 있어 서울의 맥을 끊는" 건물로 추락했던 그 세운상가였다. 그 후 끊임없이 없어져야 될 대상으로 괄시를 받다가 마침내 2009년, 남북 녹지축 조성의 명분을 앞세운 세운재정비 촉진계획에 따라 시한부 소멸을 선고받았던 세운상가군이 아직 그 자리에 서 있다. 새로운 계획을 과시하려는 듯, 종묘 측 현대 상가 한 동은 서둘러 사라지고 초록띠 공원이란 이름의 공지로 바뀌었을 뿐, 1967년 시작되었던 오래된 모습 그대로 그렇게 서있다.주7

짧게 인용한 위 문단 속에 대략 50년 사이 세운상가가 겪은 부침浮沈을 체감할 수 있을 만큼 압축돼 있다. 박정희정권의 근대화정책과 토건개발 사업이 낳은 '서울의 노른자위 상가'에서 '서울의 맥을 끊는 괴물'로 추락하고, 이명박 정부의 친환경 도시 재건사업(그러나 실상 제2의 토건개발시대를 욕망했던 이들이 청계천부터 4대강 운하까지 대한민국 여기저기에 벌였던 난개발사업)에 따라 '소멸을 선고'받았다가 일부만 '공원'으로 불완전 변태한 채로 여태껏 우왕좌왕하는 계획 아래 방치돼 있는 곳이 세운상가다.주8 그런데 글의 제목이 제시한 것처럼 이종호는 한국 현대사가 갈팡질팡해온 양상을 고스란히 예표하고 있는 공간인 세운상가를 부정하거나 비판하는 대신 여전히 현재화되지 않은 '잠재력'이 있다고 보았다. 그는 그것을 「세운상가군의 잠재력」에서 '연결의 잠재력' '생성의 잠재력' '다양체로서의 잠재력' 세 가지로 제시했다.

글쓴이가 아닌 입장에서 그 내용은 다음 세 가지로 요약 및 해석 가능하다. 첫째, 세운상가를 통해 도시의 남과 북 전체를 축이 아닌 망으로 연결("서울 도시 공간 내, 공공영역 네트워크의 접속을 이루는 기다란 허브")할 수 있다는 비전. 둘째, 세운상가가 조선시대 형성된 서울의 동서 축 도로와 하천을 가로지르고 있는 데 착안해 이질성과 차이("만나지 못할 것들, 차이를 가진 것들을 서로 접속")의 새로운 생성이 마련될 것이라는 기대. 셋째, 세운상가에는 다양체의 공간으로 새로운 생성을 추동할 역사적 힘("무엇이든 가능케 만드는 힘, 무엇이든 받아들이는 힘, 이 장소에 쌓여있는 긴 이야기들이 가진 두께, 스스로 매력 있는 공간")주9이 있다는 긍정.

그 비전, 기대, 긍정의 사고를 벤야민이 『아케이드 프로젝트』의 '방법론적 목표'라고 밝힌 바와 맥락을 연결시켜 사고하는 일이 우리에게는 도움이 된다. 즉 그가 마르크스주의의 잘못된 진보이론을 "자체 내에서 무효화하는 역사적 유물론을 제시"하기 위해서는 "진보가 아니라 현재화Aktualisierung가 근본 개념"주10이라고 했던 맥락을 이해하면 오늘의 우리가 새기고 이행할만한 의미를 생산할 수 있다는 말이다. 이를테면 벤야민은 역사적 유물론자의 입장에서 불투명하고 불확실한 미래를 위해 현재를 '진보라는 기관차의 대합실'로 만들 것이 아니라, 집단의 변혁을 위해 공동체가 과거의 실패한 것들이 가진 잠재력을 지금 여기서 현재화하라고 요구했다.주11 그 바탕에 과거에 대한 긍정과 미래를 향한 기대에 힘입은 비전이 있는 것이다.

주7.
이종호, 「세운상가군의 잠재력」. 이 원고는 2013년 12월 16일 서울연구원(서울시가 출연한 도시정책 종합연구원)이 주최한 심포지엄 <도시재생의 관점에서 본 세운상가군 재조명>에서 처음 발표한 것으로 보인다. http://www.si.re.kr/node/48715

주8.
그 역사는 다시, 박정희 정권 아래 서울시 시장을 맡았던 '불도저' 김현옥이 건축가 김수근의 원안을 훼손하면서 1년 6개월 만에 완성한 세운상가의 태생적 배경에서 시작해, 이명박 정부 시절 서울 시장이었던 오세훈이 2009년 '세운 재정비 촉진안'을 준비 없이 실행하면서 종묘 측 현대 상가 한 동만 해체시킨 상태로 방치해버린 오늘까지의 상황으로 서술할 수 있다. http://joongang.joins.com/article/991/15518991.html?ctg=1700

주9.
이종호, 같은 글.

주10.
Walter Benjamin, 『아케이드 프로젝트 2』, p. 1051.

주11.
강수미, 같은 책, pp. 132-134.

> 마르크스는 계급 없는 사회의 관념 속에 메시아적 시간관을 세속화시켰다. 그리고 그것은 잘된 일이다. 불행은 사회민주주의가 이러한 생각을 "이상"으로 떠받든 데서 시작한다. 이 이상은 신칸트주의의 이론에서 "무한한 과제"로 정의되었다. (......) 계급 없는 사회가 일단 무한한 과제로 정의되었을 때, 공허하고 동질적인 시간은 말하자면 사람들이 다소 느긋하게 혁명적 상황이 도래하기를 기다릴 수 있는 대기실로 둔갑했다.**주12**

주12. Walter Benjamin, Gesammelte Schriften Ⅰ/3, Hrsg. von Rolf Tiedemann und Hermann Schweppenhäuser, Suhrkamp Verlag, 1974, p. 1231.

태생 당시 '한국 최초의 주상복합단지'라며 온갖 미사여구를 수여받았던 세운상가는 십 년도 채 안된 시점부터 악평에 시달리기 시작했다. 그러더니 정권이 바뀔 때마다, 도시공학의 유행 경향이 변할 때마다, 그리고 무엇보다 집단의 공공성 대신 사적 이해득실에 따라 움직이는 권력자들의 입맛이 조변석개할 때마다 운명의 롤러코스터를 탔다. 그리고 2009년 이후에는 이도저도 아닌 채 멈춰 서서 세간의 관심사에서 거의 완전히 멀어져버렸다. 그 상황은 말하자면 벤야민이 비판한 '진보의 대합실' 처지와 크게 다르지 않다. 그런 상황의 세운상가는 말이 좋아 미래로 나아가기 위한 '대합실'이지, 실제로는 차별 받고 소외되는 '빈 공간'에 다름 아니다. 바우만Zygmunt Bauman이 현대사회 비판의 맥락에서 정의한 '소비의 사원'으로서 현대도시 속 '빈 공간' 말이다.

> 빈 공간들은 무엇보다도 의미라는 것이 없다. 텅 비어 있다고 해서 그것들이 의미 없는 것이 아니다. 어떤 의미도 전달하지 않고, 의미라는 것을 전달할 여지가 있다고 믿지도 않기 때문에 비어 있는(더 정확히 말하면, 보이지 않는) 공간으로 간주되는 것이다. 의미를 차단하는 그런 공간…….**주13**

주13. Zygmunt Bauman, Liquid Modernity, 이일수 역, 『액체근대』, 강, 2010, p. 168.

물리적으로 실재하지 않거나 그 내부에 사람과 삶이 없어서 빈 공간인 것이 아니라, 신자유주의 정치경제 시스템이 배제하고 은폐해서—그런 배제와 은폐의 가장 적극적 전략은 놀랍게도 방치인데**주14**—공동체의 긍정과 기대, 비전이 부재하게 된 빈 공간 중 하나가 서울의 세운상가다. 그렇다면 우리가 할 수 있고 해야 하는 일은 그 비워진 공간에 다시 긍정의 힘과 기대의 꿈과 비전의 실천을 충전시켜 그 안에 잠들어 있는 역량potentiality을 현재화하는 작업이다. 공공연구가로서 이종호가 우선 글을 통해서 다소 추상적이나마 짚어냈던 그 잠재력을 현실의 구체성으로 변환시켜야 한다는 얘기다. 세운상가 엘리베이터에서 마주친 상인들이 그토록 원하는 경기 회복의 차원에서뿐만 아니라 한국 근현대사를 고스란히 기억하고 있고 물리적으로나 심리지리적으로 예증하는 곳으로서 세운상가를 현재화하는 일이 그것이다. 모르긴 몰라도 그런 현재화는 오십여 년 전 세운상가를 건축 설계한 김수근이 메가스트럭처mega structure를 꿈꾸며 그 안에 '실내 골프연습장과 상가, 그리고 아파트와 슈퍼마켓'이 공존하는 주상복합건물을 지었다는 역사적 사실을 '전통예술 전시장은 물론, 우주체험공간에서부터 자동차전시장과 공연장 및 종합병원, 문화센터 등까지 10개 이상의 특화 시설'을 갖춘 초대형 쇼핑몰로 리모델링하자는 '전시행정'

주14. 한국일보 2014년 6월 26일자 사회면 기사 <서울시 입맛대로 오락가락 재개발에 세운상가 만신창이>에 담긴 세운상가 상인들의 토로가 그런 방치의 현실을 실증한다. "세운상가가 아예 없어진 줄 아는 사람도 많아요. TV에서, 신문에서 그만큼 요란하게 떠들었으니까요. 손님이 올 리가 없죠. 힘없는 우리 같은 상인들만 죽어나는 겁니다. 누가 관심이나 가져 줍니까. 어디에 하소연할 곳도 없고……." http://www.hankookilbo.com/v/3a5c22b86e354660b44435e94b4e48a0

으로주15 전용하는 일은 아닐 것이다. 또한 아이디어를 아이디어로 반복하거나 그중 몇 가지를 포퓰리즘 정책으로 손질해 내놓는 일이 될 수도 없다.주16 19세기 프랑스의 공상적 사회주의자 샤를 푸리에François Marie Charles Fourier는 집단이 어떤 차별과 억압도 없고, 인간이 자연을 착취하지도 않으면서 공동 주거-공동 노동-공동 육아 등을 할 수 있는 조화와 평등의 공동체 '팔랑스테르Phalanstére'를 추진했고 실제로 시도하기도 했다. 하지만 아케이드를 그 '건축 규범'으로 삼았던 팔랑스테르는 공상적 사회주의자의 손을 떠나 "생산 수단의 소유자에 의한 인간의 착취"로 귀결됐다.주17 이렇듯 벤야민이 이미 20세기 초에 간파했고, 산업자본주의가 신자유주의경제로 비약한 근현대 문제적 진보주의가 말해주는 바, 잠재성이 항상 좋은 쪽으로 현재화되지는 않는다. 사실 그냥 두면 과거의 잠재적 힘은 언제든 억압적 현실로 귀환할 뿐이다.

주15.
오세훈 전 서울시장이 <세운 재정비 촉진안>으로 내놓은 사안이다.

주16.
2014년 8월 13일자 중앙일보 문화면 <세운상가 리모델링… 끊긴 2층 길 이어 종묘~남산 걷는다>에 따르면, 현재 서울시 공공정책을 총괄 지휘하고 있는 승효상 서울시 건축정책위원장의 세운상가 리모델링 계획은 2013년 이종호가 「세운상가군의 잠재력」에서 제시한 내용과 거의 동일하다. http://joongang.joins.com/article/991/15518991.html?ctg=1700

주17.
Walter Benjamin, 『아케이드 프로젝트 1』, pp. 115-119 참고할 것.

세운상가에서 벤야민을 현실화하기

벤야민은 인식론에 대해 비판적으로 논할 때마다 '반영'이 아닌 '현실화'를 주장했다. 그 의미는 독일어 단어 현실화Vergegenwartigung에 이미 담겨 있는데, 말 그대로 '현실을 만들기'다. 지금 나는 세운상가 가동 852호에서 4회에 걸쳐 이뤄진 벤야민 강연이 '벤야민의 진리론, 경험이론, 역사철학, 그리고 미학을 바탕으로 우리의 현재를 만들기'에 근본적인 목적을 둔 공부 시간이었다고 의미 부여한다. 여기서 그때 했던 강연을 반복할 수는 없다. 이 자리는 벤야민 이론을 기능적으로 학습하기 위한 자리가 아니며, 더군다나 그 시간 속 나와 함께 했던 건축가 이종호, 그리고 다른 분들의 지적 경험은 내가 서술할 수 있는 부분이 아니기 때문이다. 그래서 다만 나는 여기에 네 번의 강의에 붙였던 주요 제목만을 기록해둔다.

1. 지식의 유형
2. 경험적 세계-이념세계: 예술과 멜랑콜리
3. 미메시스, 비감각적 유사성, 언어
4. 아우라, 꿈과 깨어남
5. 미, 예술, 지각, 인간, 역사
6. 보유: 폐허

이방인의 공동체

"이곳에 철학이 개점했다. 쇼윈도에는 형이상학의 신상품이 진열된다." 에른스트 블로흐Ernst Bloch가 벤야민이 1928년 로볼트출판사에서 출간한 아포리즘 모음집인 『일방통행로』에 부친 서평 중 한 구절이다. 벤야민과 동시대 철학자였던 그는 벤야민의 저항적이고 전위적인 사유에서 핵심이 '즉흥성'과 '현실성'에 있음을 명료히 했다. 이렇게 말이다.

> 심지어 '즉흥'의 새로운 측면들, 왼손으로 이루어진 행위들도 있었다. 벤야민의 경우 이 행위들이 철학적이 되었다. 중단의 형식, 즉흥과 돌연한 옆모습, 세부내용과 파편들을 위한 형식, 그러면서 '체계성'을 추구하지 않는 그런 형식이 되었다.주18

주18. Ernst Bloch, "Revueform in der Philosophie", Gesamtausgabe 4, Erbschaft dieser Zeit., 1976, p. 368 이하를 최성만, 「해제_『일방통행로』에서 『파사주』까지」, 『발터 벤야민 선집 1』, 길, 2007, p. 54에서 재인용.

전통 형이상학은 메타피직스metaphysics에서 '피시스physis' 즉 '자연, 물질, 신체'를 외면한 채 형이상학 내부의 강단 담론에 매몰됐다. 그에 비판적이었던 벤야민은 반대로 진정한 형이상학을 위해 현실의 날 것들, 지극히 물질적인 것들, 임의적인 것들, 버려지고 조각난 것들, 미시적인 것들을 "한 시대 전체에 적용해" 그것들의 개별적이면서 역사적인 의미를 밝히는 데 자신의 연구 목적을 설정했다.주19 그 지적 과제를 내용 차원에서뿐만 아니라 글쓰기 형식의 차원에까지 확장시켜 실행한 저작이 곧 『일방통행로』다. 블로흐는 바로 그 점을 꿰뚫어 읽고 당대 현실의 구체성과 실천이 담보된 새로운 형이상학의 도래를 벤야민의 철학과 미학에서 희망한 것이다. 하지만 블로흐의 희망과는 달리 벤야민의 사유와 이론은 그 시대에 제대로 이해받지 못했다. 그리고 강단철학과 강단미학의 이방인으로서 벤야민은 결국 자신의 새로운 형이상학을 현실에서 관철시키지 못하고, 미완성의 『아케이드 프로젝트』를 남긴 채 떠났다.

주19. Walter Benjamin, Briefe 2, Hrsg. u. mit Anmerkungen versehen von Gershom Scholem u. Theodor W. Adorno, Suhrkamp Verlag, 1978, p. 491.

> 이 의지(스스로 삶을 마감하려는 커져 가는 의지)는 공황 발작 때문이 아니라 경제 전선에서 벌인 사투로 내가 탈진해 버렸다는 점과 심대한 관련이 있다. 가장 열망해왔던 삶을 살 수 없다는 사실을 받아들이기가 어렵다. 그 소망은 이제 나의 운명을 육필로 기록했던 페이지의 오리지널 텍스트로만 인식 가능할 뿐이다.주20

주20. Walter Benjamin, Selected Writings vol. 2, M. Jennings, H. Eiland and G. Smith (eds.), Belknap Press, 1999, p. 470.

이것은 1931년 5월 어느 날 벤야민이 자신의 일기에 쓴 문장이다. 많이 알려져 있다시피 그는 1940년 9월 27일 이른 새벽 스페인 국경마을 포르부의 어느 여관에서 모르핀 과다 사용으로 자살했다. 미국으로의 망명이 좌절될 것이라는 매우 나쁜 소식과 그에 따른 절망적 예감이—"탈출구가 없는 상황에서 이 상황을 끝낼 것 외에는 다른 선택이 없다. 누구도 나를 알지 못하는 피레네 산맥의 작은 마을에서 나의 삶은 마감될 것이다."주21—그의 죽음에 새겨진 개인적이면서 정치적인 원인이다. 결국 그렇게 벤야민은 48년의 생을 마감한다. 하지만 그보다 훨씬 전인 1931년에 남긴 일기가 좀 더 깊은 의미에서 그가 자살할 수밖에 없었던 깊고 진한 이유를 말해주는 것 같다. 말하자면 벤야민은 "가장 열망해왔던 삶을 살 수 없다는 사실" 때문에 스스로 죽었다. 1920년대 후반 불안정하고 궁핍해진 생활에서 벗어나 보기 위해 잠시 잠깐 시도했던 '교수의 삶'을 말하는 것이 아니다. 벤야민이 열망한 삶은 "멀리 그리고 무엇보다 오래 여행하고 싶은 소망"을 이루는 삶이었다. 무척 모호한 뜻을 내포한 소망이기는 하지만, 그 소망이 자신이 남긴 텍스트들을 통해서만 인식 가능하다고 쓴 일기를 믿건대 벤야민이 열망한 삶은 지적으로 아주 광범위하게, 지속적으로, 자유롭게 모험하는 삶이었을 것이다. 그런 삶이 나치즘에 의해서 국경의 검문

주21. Brian Elliott, 같은 책, 129에서 재인용.

과 월경越境 금지 앞에서 막혔다. 하지만 다른 무엇보다도 특히 자신의 진정한 형이상학적 현실주의 이론이 어디서도 적확하게 이해받지 못함에 따라 자유를 구가하는 삶의 실현이 불가능해졌기 때문에 서구 문제적 모더니티의 이방인 벤야민은 죽음의 길을 택했을 것이다.

알려진 사실에 따르면 이종호는 2014년 2월 20일에서 21일 사이 새벽 어느 때 제주행 배편에서 뛰어내려 검은 밤바다에 몸을 뉘였다. 마침 그날은 세운상가 852호에서 벤야민 강연이 네 번째로 이뤄진 날—원래 마지막 강연이었지만 두 번 정도 강연을 더해 달라고 요청해서 우리의 만남은 더 예정돼 있었다—이고, 예정대로라면 두 시간 정도 일찍 만나 내 강연에 앞서 이종호가 '세운상가에 관한 연구'를 들려주기로 했던 날이다. 하지만 낮에 그에게서 자신의 발표는 어렵겠다고, 그리고 또 "조금 늦을 것 같으니 강의를 먼저 하시라"고 문자메시지가 왔다. 그리고 결국 강의가 끝나고 우리가 집으로 돌아갈 때까지 그는 오지 않았다. 앞으로의 약속까지 해뒀던 그가 오지 않았던 것이다.

세운상가에서 했던 네 번의 벤야민 강연 이외에는 그의 삶에 대해 아는 것도, 같이 경험한 것도 거의 없는 나는 그의 죽음에 대해서는 더욱 할 말이 없다. 직접 만나 적도 없는 벤야민의 삶과 죽음에 대해서는 몇 백 페이지라도 쓸 수 있는데, 정작 같은 시간대, 같은 곳에서 비슷한 생각을 나눈 이에 대해 할 얘기가 없다는 사실이 씁쓸하다. 그리고 진심으로 그의 죽음 소식을 처음 접했을 때부터 지금까지 마음이 아프다. 그 아픔은 통상 오래 알고, 그래서 깊이 마음을 나눈 사람을 상실했을 때 우리가 겪게 되는 감정과는 조금 다르다. 그보다는 뭔가 현실적이지 않은 시간, 뭔가 익숙해지기도 전에 약화돼 가는 공간, 뭔가 의미를 추출하기도 전에 탈취 당한 경험이 한 인간의 사라짐과 더불어 야기하는 아픔이다(여기에 세운상가의 운명을 빗대면 비약일까).

나는 건축가 이종호가 어떤 사람인지, 어떤 식으로 학교에서 일했으며, 공공영역에서 어떤 프로젝트를 맡아 어떻게 진행했고, 어떤 공과功過를 남겼는지 알지 못한다. 그래서 그의 죽음에 직간접적 원인이라고 말하는 사건 및 사법부와의 문제에 대해 전혀 왈가왈부할 수 없다. 하지만 그가 내게 꼭 한번 읽어보라고 건네준 자신의 글 「세운상가군의 잠재력」에서 나는 연구자 특유의 진지함, 애씀, 인내 같은 것을 느낀다. 그것은 이해타산을 따지는 약삭빠름으로는 흉내 낼 수 없는 것이고, 대외활동에 온통 정신이 팔린 유사pseudo 전문가의 세련됨과는 거리가 먼 종류의 성질이고 태도다. 그리고 더 중요하게는 학연, 지연, 인맥, 청탁, 로비 등 각종 사교 관계의 기술로 맺어진 가짜 공동체들에 속할 수 없는, 아니 자발적으로 속하지 않는 이방인들만이 서로 알아보는 감각이다. 나는 벤야민이, 블로흐가, 바우만이 그런 성질을 갖고 있고, 그런 태도를 좋아하며, 그런 감각을 알아볼 줄 안 인물들이라고 생각한다. 그리고 내가, 이종호가, 또한 여기에 이름을 적지 않는 누군가들이 그와 비슷한 사람들로서 작은 이방인 공동체, 개인적인 것이 정치적인 것으로 받아들여지는 공동체를 이루고 있다고 믿고 있다.

통일적이고 단조롭고 반복적인 공동체라는 피난처로 숨어들어 사람을 무기력하게 만드는 도시적 다의성의 여파로부터 몸을 숨기려는 기획은 사람을 추동시키는 만큼이나 패배시키는 기획이다.**주22**

주22. Zygmunt Bauman, 같은 책, p. 172.

이 인용구에는 바우만이 현대사회가 유동성과 다원성의 이름 아래서 오히려 동질성을 부흥시키고 차이를 척결하려는 정치사회적 전략에 휘둘리는 상황을 지적한 내용이 담겨 있다. '이방인'을 용인하지 않는 '공동체'라니, '공동체'이면서 '차이를 회피'하고 '다의성에 방어적인' 기획이라니. 그것은 노골적인 모순과 부정을 후안무치하게 획책하는 기획자들(속물 정치가, 입법권자, 관료, 학자, 실천가 등등)이 원하는 상태다. 그리고 그들에 의해 자기 방어, 자기 보강, 상대적 지배력을 갖추라고 종용되는 우리 대부분이 '내 것' 또는 '특권적인 소수로서 우리의 것'을 위해 '문간의 이방인'**주23** 혹은 '초대 없이 우리 삶 속으로 불쑥 진입해 들어오는 불청객'**주24**에 맞서 집단적 힘을 발휘할 때 우리 자신도 모르게 빠져드는 덫이고 함정이다. 더 안전하고, 더 강하고, 더 존중 받는 삶을 살고자 하는 우리가 '기획자들'의 기획에 복종하는 꼴이기 때문에 덫이며, 그 복종의 결과로 우리가 '우리'라는 폐쇄적이고 좁은 영역에 갇히는 꼴이기 때문에 함정이다. 특권적인 소수를 자랑하는 우리가 아닌 다른 우리는 그런 덫과 함정이 싫고 두렵기 때문에 '통일적이고 단조롭고 반복적인 공동체'가 아닌 '개인적이고 정치적이며 일시적인 이방인의 공동체'를 지향할 것이다.

주23. Zygmunt Bauman, 같은 책, p. 173.

주24. Jacques Derrida, "Autoimmunity: Real and Symbolic Suicide: A Dialogue with Jacques Derrida", Giovanna Borradori (ed.), Philosophy in a Time of Terror: Dialogue with Jürgen Habermas and Jacques Derrida, University of Chicago Press, 2003, p. 129.

강수미

미학자이자 미술비평가. 동덕여자대학교 회화과 서양미술이론 교수. 발터 벤야민 미학으로 철학박사학위를 받았으며, 현대미학과 미술비평이 전공 분야다. 대표 저서로 『서울생활의 발견』 『서울생활의 재발견』 『푸른 대양 · 청춘의 개화-동시대 젊은 작가들의 미학』 『한국미술의 원더풀 리얼리티』 『아이스테시스-발터 벤야민과 사유하는 미학』 『비평의 이미지』가 있다. 저서 중 『서울생활의 재발견』은 2003 문화관광부 추천도서, 『아이스테시스-발터 벤야민과 사유하는 미학』은 2012 문화관광부 우수학술도서 철학분야에 선정되었다. 〈번역에 저항한다〉 전시 기획으로 2005년 올해의 예술상(한국문화예술위원회)을 받았고, 2007년에는 제3회 석남젊은이론가상을 수상했다. 대표 논문으로 「인간학적 유물론과 예술의 생산과 수용: 발터 벤야민의 '초현실주의'를 중심으로」 「꿈과 각성의 시각적 무의식 공간: 프로이트 정신분석학과 함께 벤야민 후기 예술론 읽기」 「지속가능한 공동체를 위한 시각예술이미지의 조직(Ⅰ)(Ⅱ)」 「인공보철의 미: 현대미술에서 '테크노스트레스'와 '테크노쾌락'의 경향성」 「헤테로토피아의 질서: 발터 벤야민과 아카이브 경향의 현대미술」 등이 있다.

을지로 연구 I

건축가 이종호의 공공연구 프로젝트

이종우

을지로 연구: 실천적 도시 지식 생산의 여정 1989-2013

건축가 이종호의
공공연구 프로젝트 :
이종우

서론

2012년부터 2013년까지 한국예술종합학교 건축과 전문사 과정의 설계 스튜디오(이하 GSUA)는 서울 을지로 지역을 대상으로, 즉 건축 설계 차원에서 보면 상당히 광범위하고 도시계획의 차원에서 보면 매우 협소한 규모의 장소를 대상으로 연구 및 설계 프로젝트를 진행했다. 대도시 도심지구를 대상으로 한 이 <을지로 연구 프로젝트>는 단일 대학원 설계 수업의 프로그램으로서 전례 없는 것이었다. 2년이라는 기간 동안 책임 교수였던 이종호를 비롯해 30여명의 학자 및 건축가들과 학생 30여명이 참여했다. 또한 각 학기의 성과는 다음 학기에 새롭게 참여한 학생 및 참여자들이 또 다른 연구와 논의를 시작할 밑바탕이 되었다. 학생들은 현장을 답사하고 현장관찰을 통해 입체지도를 만들고 상인들과 거주민들을 인터뷰했고 도심재개발 방식에 대하여 건물 리모델링에서 법규 개정에 이르는 다양한 제안을 했다.

이처럼 그 자체만으로도 대학원 설계스튜디오의 범위를 넘어서는 이 기획은 또한 다른 이론적·실무적 활동들과 밀접하게 연계되었다. 무엇보다도 2006년에서 2010년까지 같은 GSUA 차원에서 진행한 서울 연구 프로젝트를 배경으로 하고 있으며, 동시에 진행된 다른 교육·연구 활동(GSUA 과정의 '이론 수업', 다수의 연속 특강들, 부설 도시건축연구소의 다양한 도시 연구)들과 직접적으로 연계되어 있었다. 또한 뒤에서 상술하겠지만 이러한 약 7년간의 GSUA의 연구는 그 책임을 맡았던 이종호의 건축적 성찰과 활동의 여정뿐만 아니라 1990년대 말부터 2000년대 중반까지 제도권 교육 밖에서 진행하던 서울건축학교 여름워크숍과 직접 관련이 있다.

여름워크숍의 배경은 주로 1980년대 이후 본격화 된 서울 도심지 재개발 및 강남 개발, 지방자치제 본격화 등의 신국면, 그리고 이에 대한 건축계의 비판과 대응이라는 맥락에서 나왔다.

이처럼 을지로 연구는 기획의 중심에 있었던 이종호 개인의 생각과 의지가 담긴 기획임과 동시에 개인의 임의적 판단과 선택을 넘어서는 집단적, 시대적 차원의 사건이라는 점에 주목할 필요가 있다. 본 글에서는 왜 그리고 어떻게 이러한 교육, 연구, 설계가 결합된 복합적 프로젝트가 만들어졌는가라는 질문을 중심으로 을지로 연구의 의미를 가늠해 보려고 한다.

필자는 이 글의 주제인 을지로 연구와 무관하지 않은 경험이 있다.**주1** 이런 경험은 필자가 글의 주제인 을지로 연구가 이루어진 '분위기'를 알 수 있도록 해주었다. 그러나 을지로 연구는 다양한 방식으로 관련된 참여자들, 상호연관된 활동들, 10년을 넘어 거슬러 올라가는 직·간접적 배경들로 인해 연구 자체가 일종의 '복잡계'를 이룬다고 할 수 있으며, 이러한 상황에서 지극히 한정된 필자의 경험을 바탕으로 글쓰기를 하는 것은 을지로 연구에 대해 지나치게 파편화되고 왜곡된 시각을 전해줄 것이라고 판단되었다. 따라서 개인적 경험을 기반으로 이 주제를 다루는 것보다는 확보할 수 있는 사료를 바탕으로 가능한 한 '역사적 재구성'을 시도하는 방식을 택했다. 이를 위해 잡지, 보고서, 소책자, 단행본 등에 흩어져 있는 이종호의 글과 공동 연구보고서, 공동연구자들의 증언 등을 이용했다. 또한 이종호의 건축적 입장에 관해 최근에 발표한 필자의 글도 일부 참고했다.**주2**

주1. 필자는 GSUA의 설계스튜디오 프로그램과 공생적 관계를 맺었던 수업 <이론과 실천>을 2013년 2학기와 2014년 1학기에 담당했고, 2011년의 연속 특강과 2013년 <을지로 연구>의 중간, 기말 크리티에 참여한 바 있다.

주2. 이종우, 「건축가와 도시계획가 사이에서」 이종호 특집 『와이드 AR』 39호, 2014.5, 98-101쪽.

이종호 개인의 지적 여정 1989-1998

을지로 연구는 (앞서 얘기했듯이) 서울건축학교부터 비롯되는 10여 년간의 다중적이고 오랜 활동의 일환이었는데 그 중심에는 이종호가 있었다. 건축가인 그가 <을지로 연구>에 이르는 장기간의 도시연구를 하게 된 지적 여정을 살펴볼 필요가 있다.

1990년대 이종호의 건축적 고민은 건축의 완결성에 대한 회의와 건축의 확장이었다고 요약할 수 있을 것이다. 잘 알려졌다시피 이종호는 대학 졸업 후 바로 10년 가량을 김수근 밑에서 실무 경험을 쌓았으며 1989년 양남철, 김병윤과 함께 스튜디오 메타를 설립했다. 그리고 1992년과 1994년 각각 완공된 <율전교회>와 <바른손센터>로 세상에 이름을 알린다. 여기에서 주목할 만한 것은 이종호가 독립 건축가로 출발할 당시부터 이미 건축-도시 간의 연계성에 관심을 기울였다는 점이다. <바른손센터> 설계 과정에서 이종호는 또 다른 초기 대표작인 <율전교회>에서와 같이 건축물의 내적 논리를 만들어내기보다는 강남과 영등포가 만나는 불연속적 지점에 위치한다는 도시맥락적 특수성에 주목했고 이를 건축의 문제로 변환시키려 했다. 더욱 흥미로운 사실은 이 건물을 통해 건물이 완공된 이후 전개되는 사용 및 전용 과정의 중요성을 깨달았다는 점이다. 그는 특히 설계자의 의도를 넘어 공간이 사용자들에 의해 전유되는 과정을 목격하며 "건축가가 만들어내는 것이 어떤 지점에 있는 것인가, 무엇인가를 구축해서 완성시켜놓고 떠나는 지점에 있는 것인가, 아니면 사실은 도달하기 어려우면서도 끊임없이 다음 단계 다음 단계에 그 안에서 벌어질 것에 대한 관심에 있는가"를 고민하게 되었다고 술회했다.**주3** 즉 1990년대 초반부터 이종호는 '건축'의 범위를 넘어서는 영역의 문제, 특히 건축가 개인의 역량을 넘어서는, 도시 속에서 건축이 사용되고 전용되는 방식에 관심을 기울이기 시작했다. 다만 당시에는 이러한 문제를 '건축 작업'의 수준에서 고민했던 반면, 1990년대 중반 이후에는 단체활동, 교육, 이론적 작업·강의·학습을 통해 본격적으로 도시의 수준에서 다루게 되었다는 점에 차이가 있다.

■ **주3.**
이종호, 「하이퍼폴리스의 기억술」 2013.1. 메타건축에서의 강연.

그런데 이종호의 건축에 대한 근본적 문제제기는 그 혼자만의 것이 아니었으며, 한국 도시(및 사회)의 (변화하는) 상황에 대한 건축계의 대응이라는 맥락 속에 위치시킬 수 있다. 1980년대 말부터 일부 건축가들은 자신들의 작업을 '껍데기를 만드는 일'에 한정시키는 사회와 제도, 그리고 그러한 상황에 안주하며 사회와의 소통가능성을 스스로 차단하는 건축가의 상황에 대해 자성적 비판을 아끼지 않는다. 청년건축인협의회(청건협)와 건축과 미래를 준비하는 모임(건미준) 등으로 대표하듯, 1980년대 후반 이후 건축가들이 건축계 내부의 제도적, 이념적 사안들에 대해 개혁적 움직임들을 일으켰다면, 다른 한편으로 88서울올림픽, 서울 강남의 급속한 개발, 80년대 이후 서울의 도심재개발, 1994년의 서울정도 600주년기념사업, 1990년대 초반 지방자치제의 본격화 등의 새로운 상황 속에서 건축가들은 정도와 방향을 달리하며 도시 문제를 인식하며 발언하기 시작했다.

이러한 '건축가의 도시론의 등장(발전)'은 1980년대부터 본격적으로 형성된 학제인 도시계획 분야를 놓고 벌어진 직업적 경쟁구도 속에 위치시킬 수 있는데, 일부 건축가들이 건축 분야를 떠나 신설되는 도시공학과로 자리를 옮기는 선택을 했다면, 또 다른 부류의 건축가들은 건축계 내에서 도시 문제를 제기하고 인식을 확장하려고 시도했다.

1980년대 이후 전성기를 맞은 건축잡지 출판은 이러한 인식의 확산에 기여하였다. 「공간」「건축사」 등과 같은 기존 건축잡지 뿐만 아니라, 「건축과 환경」「플러스」「건축문화」 등 1980년대에 창간된 신생 잡지들은 건축 영역에서 이러한 새로운 담론이 소통되고 자리잡는데 주요한 도구가 되었다.**주4**

■ **주4.**
당시 잡지상에 발표된 글 몇 개를 소개하면 다음과 같다:

- 김원, 「도시계획을 진단해 본다」 『건축과 환경』 1984.12.
- 서상우, 「도시와 건축의 중간영역」 『공간』 1985.5.
- 편집부, 「연재: 도시환경의 재창조」 『건축과 환경』 1985.
- 김한준, 「확대하기 시작한 건축가의 업무영역」 『건축과 환경』 1986.08.
- 특집: 서울의 도심재개발에 대한 재조명, 『건축과 환경』 1987.11.
- 권희용 「불쌍한 서울」 『건축과 환경』 1989.02.
- 「특집 : 화장술의 건축-강남 중, 소규모 건축의 현재성」 『건축과 환경』 1989.10.
- 김기호, 양우현, 김도년, 한필원, 「도시에서 참다운 건축이란 무엇인가?」 『공간』 1990.05.
- 박찬무, 「지방화 시대와 도시개발-새로운 개념의 도시, 주거계획과 설계」 『건축과 환경』 1991.05.
- 김진애, 「건축의 여섯 가지의 도시해석」 『건축문화』 1992.01.
- 최찬환, 「도심재개발 현황과 문제점」 『건축사』 1993.06.

<을지로 연구>와 관련하여 특히 관심을 끄는 것은 잡지상의 일회적 발언과 구별되는 건축가들의 집단적, 지속적 활동이다. 특히 '건축가 주도에 의한 디자인'이라는 전통적인 건축 영역을 포기하지 않으면서도, '제도권 건축' 교육 및 실무의 바깥에서 건축을 도시 영역으로 확장하려 했던 적극적 움직임이다. 1990년대 들어서서 도시 문제와 연계된 여름건축학교가 다양하게 기획되었는데, 그 중 선구적 위치를 차지하며 또한 가장 오래 운영된 것이 서울건축학교의 여름 워크숍이었다.

전역사前歷史로서의 서울건축학교 1998-2007

을지로 연구는 연구와 설계가 통합된 프로그램, 도시계획과 건축설계의 일원화라는 점에서 일반적인 학술활동과 구별되는데 이러한 체제의 출발은 서울건축학교 여름워크숍에서 찾을 수 있다. 을지로 연구가 서울건축학교 여름워크숍과 맺고 있는 상당히 복잡한 관계 또는 물려받은 '유산' 가운데 프로그램의 형식과 도시를 보는 관점 두 부분에 대해 주목할 필요가 있다.

서울건축학교 여름 워크숍과 도시연구 :

서울건축학교는 1995년 첫 번째 워크숍을 열며 활동을 시작했다. 이러한 대안적 건축설계교육프로그램, 혹은 당시 표현을 빌리자면 '장외 교육' 실험은 전봉희에 따르면 1991년 '공간'에서 주최한 하계건축학교를 시작으로 볼 수 있다. 1990년대 중반 이후 서울건축학교를 필두로 다양한 '여름캠프'가 만들어졌으며, 2000년에는 한국건축가협회가 주관하는 한국건축가학교(SAKIA)의 등장으로 새로운 전기를 맞이한다.주5 제도권 교육기관에서는 경기대학교가 1991년 건축디렉터 제도를 도입하며 설계중심의 건축교육을 도입하였고 1994년 설립된 서울건축학교와 함께 대안적 건축교육 실험에 앞장선다.

그런데 서울건축학교에서 주목할 만한 것은 그 동안 건축 교육(및 실무)의 '핵심'을 이루었던 건축의 전통적 영역에 갇혀 형태 만들기'에 '자족하는(혹은 자폐적) 태도'에 대한 비판이 기조를 이루었다는 점이다. 서울건축학교 초기 교육체계를 만드는데 결정적 역할을 했던 김종규는 서울건축학교의 첫 번째 출판물 『SA1』에서 "건축에서 형태를 만드는 작업은 더 이상 의미가 없다"라고 진단하는데 이러한 건축의 한계를 극복하는 방안으로서 "(현재의) 도시 상황이 만들어내는 사건들의 실재성을 이해하고 해석하는데" 목표를 둘 것임을 선언하였다.주6 김종규가 초기에 밝혔던 서울건축학교의 도시적 지향점은 1998년부터 구체화되며 변화의 중심에는 지방도시에서 개최되는 여름워크숍이 있었다.주7

1998년 제주에서 열린 1회 여름워크숍에서 설계프로젝트를 중심으로 연구, 교육, 축제가 혼합된 활동의 체제가 잡히기 시작했다. 무엇보다도 다수의 신진 건축가들과 건축 및 타 학계의 인사들이 참여자로 확보된 상황에서 이들의 역량을 활용할 방안을 고안했다. 두 명(혹은 그 이상의)의 튜터로 구성된 복수의 스튜디오에서 진행되는 설계 프로젝트를 중심으로 하면서 특강, 현지조사, 세미나, 공동설계, 축제가 연계되는 프로그램이었다. 이는 워크숍 출범부터 전국의 건축과 학생들에게 뜨거운 호응을 받았다.주8

전라북도 무주에서 개최된 두 번째 워크숍에서는 지방중소도시에서 현장 연구를 진행하는 것이 워크숍의 정체성으로 굳어지게 되었다. 이후 서울건축학교 워크숍은 해마다 전국의 중소도시에서 개최되었으며, 총 십 년간 열 개 지방도시에서 '한국의 자생적 도시, 건축 이론의 탐색'이라는 목표 하에, 지방자치제의 본격화와 맞물리면서 지방정부의 적극적인 지원 속에서 개최된다.

이종호는 서울건축학교의 창립준비과정부터 발기인으로 참여하였으며 1998년 시

주5. 참조: 「特輯 대학 건축 설계 교육 시스템 모색(1)」『플러스』 1994.08.

주6. 김종규, 「스튜디오 1」『SA1』 미건사, 1995, 12-13쪽.

주7. 전봉희는 건축 여름 워크숍의 시초를 1991년 여름, 공간에서 주최한 하계건축학교로 본다. 2000년에는 한국건축가협회의 SAKIA(한국건축가학교)가 제1기를 모집한다. 그에 따르면 sa는 조성룡을 비롯하여 김영섭, 김인철, 민현식, 승효상, 이종호 등의 주도로 시작하였다. 공간사에서 주최한 91 하계건축학교는 1991년 7월 31일부터 8월 4일까지 5일간 가회동을 대상으로 9명의 튜터와 40명의 학생이 참가하여 공간 사옥에서 진행되었다. 전봉희, 「4.3그룹과 건축교육」『전환기의 한국건축과 4.3그룹』 도서출판 집, 2014, 68-77쪽

주8. 건축학자-강혁, 김봉렬, 송인호 등, 건축계 외부 학자-이정우, 조명래, 심광현, 강내희, 유홍준, 안규철(현대조각), 김화영, 김홍희, 강성원, 박영욱 등을 초청하여 특강을 진행했다.

작부터 여름워크숍에 주도적으로 활동했다. 그는 2회~3회에 걸쳐 코디네이터를 맡았으며, 2005년에서 2007년까지 ua-sa(seoul institute of architecture in Korean National University of arts)라는 명칭 하에 서울건축학교와 한국예술종합학교 간의 공조체제를 이끌었다.

학습 과정으로서의 설계 :

위에서 기술한 서울건축학교 여름워크숍의 성과를 논하는 데 빠질 수 없는 것은 건축 설계의 성격을 집단적 성찰과 실천적 지식 생산으로서 확장시켰다는 사실이다.

지방중소도시라는 것은 그간 건축계는 물론 도시학계에서도 주목 받지 못한 대상이었으며 따라서 축적된 연구도 없고, 대상을 접근하는 관점 또한 자리 잡혀 있지 않았다. 이런 상황에서 복수의 설계 스튜디오를 중심으로 현장답사, 주민 설문조사, 관련 학자 초청강연, 설계안의 공동 평가와 논의를 포괄하는 워크숍은 '한국의 지방 중소도시'에 대해 한정된 기간 동안 상당히 밀도 있는 입장을 만들어내는 데 매우 효과적인 체계가 되었다. 그리고 이러한 체계 속에서 건축가들은 '우리나라 도시공간에 대한 자생적 이론'을 만들겠다는 궁극적 목표 하에 한국의 중소도시에 대한 지식을 쌓아갔다.**주9** 즉 서울건축학교는 단순히 튜터(개별 스튜디오의 책임자)들이 학생들에게 가르치는 장소가 아니라 프로젝트 과정에서 사전에 만들어져 있지 않은 지식을 함께 만들어가는, 모두의 '학교'가 된 것이다.**주10** 건축 역사학자 강혁은 2001년 양구에서 개최된 여름워크숍을 결산하는 글에서 바로 이러한 특성에 주목한다. "서울건축학교 워크숍은 외부에서 얼른 보고 판단하듯이 비교적 잘 알려진 중견, 소장 건축가들이 전국의 학생들에게 대안적 교육을 제공한다는 의도에서 시행되는 것이 아니다. 그런 점도 없지 않지만, 그것보다는 참가 건축가가 스스로 주체가 되어서 팀의 구성원들과 함께 작업한다는 성격을 더 강조하고 싶다."**주11**

'지금 여기' : 도시를 바라보는 시각 :

설계 행위를 중심으로 엮이는 입체적 지식의 생산은 10년 동안 서울건축학교 워크숍에서 중심적 위치에서 활동했던 이종호에게 도시건축 연구의 기본 모델을 제공했던 것으로 판단된다. 그런데 을지로 연구의 배경을 논할 때 다루어야 할 서울건축학교 여름워크숍이 남긴 또 하나의 '유산'은 수년간의 연구를 통해 정립한, 도시를 보는 관점이다. 이종호를 비롯해 이 연간 활동을 이끈 이들은 해마다 새로이 선정되는 지방 도시의 특수성을 이해하는 데만 목표를 둔 것이 아니라, 앞서 언급했듯이 '한국의 자생적 도시, 건축 이론의 탐색'을 시도했다. 이러한 시도는 김성홍이 지적했듯이, 객관적 도시 이론이나 영향력 있는 물리적 결과를 만들었다기보다는 도시를 대하는 태도를 만들어가고 가치와 관점을 세우는 데 이르렀다.**주12** 2004년 목포에서 진행된 여름워크숍은 이러한 가치와 관점을 선언하는 자리가 되었다. 김헌, 이종호, 정기용, 조성룡은 'meta-discourse메타 담론'라는 공동성명을 통해 지난 6년간의 경험을 정리하며 이를 바탕으로 한국의 '도시를 바라보는 우리의 눈'을 다음과 설정할 것임을 천명한다:

주9.
이종호, 「뉴스 피플: 이종호」 『건축문화』 2000.9. 160-161쪽.

주10.
이종호는 다음과 같이 회고한다: "제가 따로 무슨 도시공부를 했겠습니까. 서울건축학교의 워크숍이 저한테는 학교였지요." (이종호, 「하이퍼폴리스의 기억술」 2013.1. 메타건축에서의 강연)

주11.
강혁, 「서울건축학교 2001 여름워크숍이 갖는 함의」 『양구탐험』

주12.
김성홍, 「왜 도시를 말하는가?」 sa 2000 summer workshop <강경발견>, 쪽 표기 없음.

- '결핍의 사고'에서 벗어나기
- 있는 그대로의 모습을 바라보기
- 가치를 부여하며 삶의 조건들을 살펴보기
- 그리고 그에 이어지는 실천들.주13

주13. 김헌, 이종호, 정기용, 조성룡, 「meta-discourse」 『변화의 시작과 새로운 풍경 – 서울건축학교 2004 여름워크숍』 팸플릿, 쪽 표기 없음.

이렇게 세 가지 기본 태도와 이를 기반으로 한 실천으로 구성된 한국의 도시에 접근하는 태도는 또한 보다 함축적인 개념인 '지금 여기'와 '리얼-리얼리티'로 개념화되고 그 의미가 발전된다.주14 또한 이듬해인 2005년 통영에서 개최된 워크숍 이후로 '하이퍼폴리스'라는 개념이 이후 5년간 도시 연구를 이끌 키워드 또는 '쟁점'으로 제시되었다. 당시에는 '좀 더 넓은 시각으로 대상 도시와 건축을 밀도 있게 바라보기 위한 시도'라는 포괄적 의미만이 부여된 상태였다.주15

주14. 두 개념의 발전에 관해서는 조명래, 「중소도시의 한국성", 특집: 서울건축학교 여름워크숍」 『건축문화』 1999. 10. 106-107쪽; 김헌, 이종호, 정기용, 조성룡, "리얼-리얼리티", 목포, 2004, 73쪽 등을 참조.

주15. 김헌(워크숍 코디네이터), 「여는 글」 『sa 2005 여름워크숍 '하이퍼폴리스-문화풍경': 단말도시-통영』 동녘, 2006, 6쪽.

이종호가 뜻을 같이하는 건축가(정기용, 조성룡 등) 및 학자들(조명래 등)과 발전시킨 이와 같은 개념들은 서울건축학교의 지방도시연구의 결실이자 ua-sa의 향후 5년간의 연구를 위한 일종의 가이드라인이 되었다. 여기서 특히 주목할 만한 것은 이러한 용어 또는 개념이 갖는 성격이다. 글의 말미에 다시 살펴보겠지만 그 성격은 매우 유동적이고 가설적이며 시간이 지나면서 점차 의미가 구체화돼 가는 '느슨함' 또는 '열림'을 특징으로 하며, 보편성과 완결성으로 특징되는 '학술적 개념'과 구별되는 것이었다.

GSUA에서의 5년간의 서울 연구 2006-2010

서울건축학교는 건축설계 중심의 대안적 교육프로그램으로 커다란 성공을 거두지만 2000년대 중반에 이르러 힘이 약화되기 시작한다. 서울건축학교를 필두로 했던 제도권 밖에서의 대안적 건축 교육 · 연구 활동은 제도권의 건축 설계 교육의 재고와 방향 전환에 주요한 계기가 되었고, 제도권 교육기관(건축학과)이 설계 중심 건축교육 방향을 적극적으로 도입하도록 이끌었다. 또한 이러한 과정에서 서울건축학교 등을 주도했던 여러 건축가들이 대학 건축과 교수로 자리잡으면서 제도권 바깥에서의 실험적 교육은 일단락된다.주16 당시 신생 학교였던 한국예술종합학교 건축과 또한 이종호를 포함하여 서울건축학교 활동에 깊이 관여했던 학자와 건축가들을 영입했다. 이종호는 이러한 상황 속에서 서울건축학교의 이념이었던 '가르치고 배우는 학교만이 아닌 (중략) 모두 함께 건축의 새로운 지식을 생산해 나갈 수 있는 체제'를 지향할 것임을 선언한다.주17 이 선언과 함께 이종호는 부임 직후부터, 더 정확히 말하자면 2005년 캠퍼스 리노베이션 프로젝트와 무주를 중심으로 한 생태도시연구 등을 짧게 진행한 후에 서울에 대한 연구를 시작한다. 이것은 서울건축학교에서 진행한 수년간의 한국의 지방중소도시 탐구를 통해 만들어가고 있는 한국 및 아시아의 도시를 보는 관점, 즉 하이퍼폴리스Hyperpolis로서의 한국의 도시라는 관점을 채택함으로써 그간의 경험을 계속하는 동시에 거대도시 서울의 연구를 시작한다는 점, 그리고 보다 안정된 조건에서 지속적 연구를 시작한다는 점에서 새

주16. 최욱, 필자와의 인터뷰, 2014년 5월.

주17. 「속표지 글」 『Sa 2004년 여름워크숍: 변화의 시작과 새로운 풍경. 전환의 도시 목포』 동녘, 2005.

로운 출발이었다.

GSUA로 명명된 새로운 교육연구집단의 핵심 구성원에서도 서울건축학교의 경험이 이어지고 있음을 목격할 수 있다. GSUA의 설계 프로그램을 이끌 튜터들은 서울건축학교 여름워크숍에서 이미 스튜디오를 운영한 경험이 있는 김태형(2006년), 홍순재(2004년, 2005년), 송재호(2006년) 등이었다. 이들은 이종호가 5년간의 '도시기반시설을 뼈대로 삼은 현상에 대한 읽기'라고 요약한 바 있는 교육 · 연구를 시작했다. 김태형은 이 연구기획이 이종호가 갖고 있는 밑그림, 거대도시 서울에 대한 체계적인 연구라는 기획을 실현한 것이었다고 회고한다.주18 그리고 2006년 용산을 시작으로 2007년 지하철 2호선, 2008년 한강, 2009년 내부순환도로, 2010년 외곽순환도로 등 서울을 특징짓는 인프라를 중심으로 서울을 탐구했다.

주18.
김태형, 「GSUA에서의 작업. 도시를 논하고, 읽고 실천한 삶」 『와이드 AR』 39호, 2014.5., 102-107쪽.

을지로 연구
2012~2013

이종호는 한예종 부임 후 5년간 지속된 '다섯 갈래의 서울 읽기' 이후 2012년부터 '도시건축의 실천'이라는 제목 하에 보다 한정되고 '기획적인' 집단연구에 들어간다. 이러한 스케일의 축소라는 선택을 어떻게 이해할 수 있을까?

이와 같은 방향 전환은 우선 이종호가 도시 읽기의 기조로 삼은 태도, 즉 추상적 개념이나 합리주의적 도시이론으로는 파악될 수 없는 '하이퍼폴리스'로서의 서울에 대한 섬세한 그리고 현실에 밀착된(이종호의 표현을 따르면 '리얼-리얼리티'를 추구하는) 독해의 시작을 위한 것으로 판단된다. '다섯 갈래의 서울 읽기'가 거대도시 서울의 얼개와 가능성을 파악하기 위해 택할 수 밖에 없는 선택이었다면, 그것은 이들이 추구한 기본 방향 즉 '리얼-리얼리티'의 추구로 요약할 수 있는, 섬세한 독해를 통한 '현실'로의 밀착을 추구하기에는 거리가 있는 방향이었다.

즉 5년간의 서울 읽기는 이 거대도시가 갖고 있는 특성 또는 개선을 위한 기획의 바탕이 될 기존 상황이 갖고 있는 잠재성들을 발굴하기 위해서는 필수적인 과정이었으나 또한 넘어서야 하는 단계였다고 할 수 있다. 지난 5년간의 서울 읽기는 다루는 대상의 스케일로 인해, 그리고 매우 복잡한 대상에 대한 연구의 시작이라는 상황으로 인해 추상적인, 이종호의 표현을 따르자면 관찰자의 의지 또는 욕망의 투사인 '버추얼 리얼리티'의 특성을 띨 수밖에 없었기 때문이다.주19 따라서 '도시의 심층에 깔린 진실과 사실에 도달'하기 위한 태도로서의 '리얼-리얼리티'의 추구를 위해 을지로 연구라는 집단 연구를 통해 현실에 대한 구체적인 이해가 가능한 보다 한정된 대상으로의 전환이 이루어졌던 것으로 볼 수 있다.주20

2010년에 GSUA에 합류해 이종호, 김태형과 함께 <을지로 연구 프로젝트>를 이끌었던 김성우가 회고하듯이, 을지로 연구를 시작하며 이종호는 학생들에게 '선입관을 버릴 것'과 현장에서의 관찰 속에서 발견한 예기치 못한 사실들 목록을 만들어올 것을 주문했는데, 이러한 과정은 그간의 서울에 대한 추상적 이해를 넘어서 을지로라는 구체적이고 제한적 현실로 진입하는 계기들이 되었을 것이다.주21 또한 을지로 연구로의 방향 전환에서 우리가 주목해야 할 것은, 이러한 선택이 5년 전에 그

주19.
이종호가 2005년 1년간 『C3 Korea(구 건축과 환경)』에 연재한 「확실치 않은 언어들」 중에서 「리얼리티」(1월호), 「일상」(4월호) 등을 참조할 것.

주20.
참조: 김헌, 이종호, 정기용, 조성룡, 「리얼-리얼리티」 앞의 글.

주21.
"복잡한 도시를 다룰 때 보통은 곁가지들을 쳐 내고 큰 그림을 그리곤 하는데, 선생님은 오히려 세밀하게 현장에서 읽을 수 있는 것들을 중요하게 생각하셨다. (중략) 일례로 처음 수업이 시작될 때 학생들에게 내주셨던 과제가 기억난다. 대상지를 둘러보면서 낯설고 신기한 게 있으면 각자 30개씩 가지고 오라고 하셨다. (중략) 아마도 선입견을 갖지 말라는 의도에서였을 것이다. 도시를 새로운 눈으로 바라보고, 직접 체험한 것을 이해할 수 있게 표현해 보고 또 우리가 이해한 것을 다른 사람에게 전달하는 방법을 찾아보는 방식으로 수업이 진행됐다." (김성우, 「GSUA에서의 작업. 도시를 논하고, 읽고 실천한 삶」 앞의 글).

러했듯이 이종호 개인의 '밑그림'에서 나온 것이 아니라 보다 실천적인 탐구에 대한 이종호, 김태형, 김성우의 의견 경유에서 비롯되었다는 점이다. 김태형은 다음과 같이 회고한다: "5년 동안의 서울 읽기는 해를 거듭할수록 스케일이 점점 커졌다. 2010년 스튜디오에 합류한 김성우 선생과 함께 논의했던 것이 스케일을 좀 줄이고 이론적으로 읽은 서울의 문제를 실천으로 옮겨보자는 것이었다. 다이어그램으로만 표현했던 도시에 대한 아이디어를 모형으로 만들어 보자고 했다."주22 즉 을지로 연구의 시작은 이종호의 도시연구집단이 이미 특정 주체가 아니라 연구 공동체에 의한 의사결정의 단계에 이르렀음을 보여준다.

주22. 김태형, 「GSUA에서의 작업. 도시를 논하고, 읽고 실천한 삶」 앞의 글.

'창발로 바라본 도시건축적 시선' :

비록 을지로 연구의 기본적인 특징이 현실 인식을 단순화시키는 시각이나 이념을 배제하고 '지금 여기'로서의 도시, 보다 특수하게는 서울 도심 내의 을지로를 바라보는 것이었으나 이러한 태도가 도시 현실에 대한 무기력한 수용을 의미하지는 않았다. 을지로 연구를 이끈 화두가 '공공영역', '창발' 등이었다는 사실은 이들이 도시 현실의 단순한 수용을 목표로 하지 않았음을 보여주는 것이며 여기에 관한 더욱 상세한 검토가 필요하다.

먼저 건축계에서 '공공영역'이라는 개념이 출현한 맥락을 살펴보면, 서구에서는 18세기 도시 중산층 또는 시민계급의 성장과 계몽주의의 발전 속에서 공공성 논의가 출현했다면 한국에서는 1980년대 이후 상업논리에 의한 무분별한 도시(재)개발이라는 상황에 대한 반작용으로 등장했다. 특히 1990년대말 이후 이상헌, 정기용을 비롯한 일부 건축가들은 공공성 개념에 천착하며 적극적으로 발언하였다. 2000년 1월 『건축과 환경C3 korea』에 실린 정기용의 권두언 「새천년의 전망: 문화와 공공성에 대하여」는 건축가들이 공유한 공공성에 대한 입장을 잘 보여주는 예인데, 외부에서 우리에게 부과된 세계화와 신자유주의 경제체제를 검증 없이 받아들이게 되면서 개인들은 고립되고 소외되며, 이러한 고립과 소외는 공공영역 또는 공적 공간이 상업과 개인 사이를 매개함으로써 개선될 수 있다는 것이다. 이종호 또한 1990년대부터 공공성 개념을 자신의 건축적 사고의 주제로 삼아왔으며 GSUA의 연구에서 사용된 '공공영역'의 개념은 정기용 등의 개념과 궤를 같이한다. 반면에 서울에 대한 연구가 계속되면서, 그리고 특히 2010년을 기점으로 포괄적 서울 연구에서 건축적 실천을 향한 을지로 연구로 방향을 전환하면서 '공공영역'은 개별 장소의 고유성들을 넘어서 생명에 흐르는 혈액과 같이 순환되고 등질적인 무엇으로 재개념화된 것으로 판단된다.

GSUA 2006년 이후 프로그램의 내용과 학생들 주도로 발전된 다양한 주제들을 이 글에서 다루지는 않겠지만, 2010년 이후 도시 내의 건축적 실천으로의 방향 전환과 관계된 내용들을 간략히 살펴보면,

먼저 도시의 공공성 논의에서 고전이 되었으며 공공공간이 사적 개발의 논리로부터 (엄격히) 구분되고 보호돼야 할 필요성을 강조한 제인 제이콥스Jane Jacobs의 저서 『미국 대도시의 죽음과 삶The Death and Life of Great American Cities』을 반복해서 독해했고 이는 공공성이 GSUA 과정의 주요 화두로 자리잡는데 기여했다. 이후 을지로 연구의 시작과 함께 공공영역의 개념은 위에서 언급한 재개념화의 과정 속에

서 도시 내에서의 건축적 개입에 보다 실천적이고 도시적 의미를 부여하는 방향으로 발전했는데, 2010년부터 '하이퍼폴리스의 상상력' '도시-건축Urban-Architecture' 이라는 제목의 연속강좌가 진행되었다. 이는 서울에 대한 이해를 목적으로 하던 단계를 넘어 'Hyperpolis에서 발현될 수 있는 건축과 건축행위를 탐구하는 일' 로 목표가 재설정되었음을 보여준다.주23

또한 2011년부터 <이론과 실천> 수업을 중심으로 마누엘 데란다Manuel De Landa의 『강도의 과학과 잠재성의 철학』, 스티븐 존슨Steven Johnson의 『이머전스: 미래와 진화의 열쇠』, 국내 학자들이 공동연구 한 『복잡계 개론(이영수 외 지음)』을 다루었다. 찰스 랜드리Charles Ladnry의 창조도시 이론이 학습되었고, 도시를 복잡계로 다룬 대표적 연구성과물인 마이클 배티Michael Batty의 『도시와 복잡계Cities and Complexity, MIT press, 2005』도 탐독했다. 2008년부터 GSUA의 프로그램에 참여한 장용순은 2012년에 본격적으로 복잡계를 주제로 세미나를 진행했다. 또한 서울건축학교 워크숍에서 다룬 바 있던 주제인 '도시적 침술urban acupuncture' 개념이 2010년경부터 이종호와 김태형의 논의를 거쳐 순천 연구에 도입되었으며 이후 을지로 연구에도 다시 적용되었다.주24 다른 한편으로는 서울 도심 재개발에 대한 구체적인 논의가 다루어졌다. 「서울도심부 발전계획안」 같은 서울연구원의 연구물들은 <이론과 실천> 수업에서 다뤄졌고, 백운수(미래E&D 대표), 이광환(해안건축 부사장) 등 서울도심 재개발에 참여했던 실무자들의 특강이 개최됐다.

을지로 연구를 통해서 점차 분명해진 도시에서 건축적 개입의 목표는 이러한 '하이퍼폴리스 내에서 공공영역의 활성화와 확대로의 기여'라고 거칠게 요약할 수 있으며, 이러한 방향을 보다 분명하게 설명하고 실천의 전략으로 만들어내기 위해 광범위하고 강도 높은 이론적, 실천적 탐색이 있었다. 이와 같은 기획 속에서 비록 은유적 전용, 단순화라는 문제를 유발시켰음에도 불구하고 '공공영역'의 재개념화는 매우 중요한 과정이었던 것으로 판단된다. 이를 통해 '하이퍼폴리스'의 도시적 상황 속에서 건축의 역할이 제시되었기 때문이다. 2013년 을지로 연구 책자의 소개 글은 이와 같이 재개념화 된 공공영역의 의미를 잘 드러낸다. "공공영역이란 각 영역들 사이의 연계적이며 포괄적인 계획과 실행이 매우 중요한 일이다. 특히 뒤늦은 근대화 과정에 의해 도시 공간 내에 커다란 차이, 균열, 모순을 내재한 아시아의 하이퍼폴리스에서는 더욱 그러하다. 서울 도시 공공영역의 과제 역시 공공영역을 발굴하고 연계함으로써 차이를 누그러뜨리고 균열을 메우며 모순을 봉합하는 동시에 각 공공영역의 합보다 더 큰 힘을 만들어내도록 해야 한다."주25

이러한 재개념화, 이론적 탐구, 기존의 개발 방식에 대한 검토 후에 공공성 확대를 위한 도시적 실천으로서의 건축 역할의 방향이 설정된다. 다음과 같은 명제들은 건축의 도시적 역할에 대한 구체적 입장 표명이라고 할 수 있다. "공공적 흐름을 용이하게 하는 도시 건축적 장치facilitator는 기존의 건물 사이의 틈새에서 그 역할을 수행한다."주26 "거버넌스에 의한 실천으로 이어지기 위해서는 당연히 그 모든 일을 추동시킬 전망—비전과 방아쇠—트리거가 필요하다." "경계를 특정하지 않는 혼돈의 상태에서 새로운 대안을 찾아가는 창조적 공간."주27

주23. 이종호, GSUA 2013년 1학기 <이론과 실천> 강의계획서.

주24. 김태형, 발제 내용, 이종호 공공연구 출판 준비회의, 2014.5.26.

주25. 이종호 외 『을지로2. 을지로를 말하는 17가지 도시건축적 시도들』 우리북, 2013, 22쪽.

주26. 이종호 외, 『을지로2』 앞의 책, 40쪽.

주27. 이종호, 「세운상가군의 잠재력」 『도시재생의 관점에서 본 세운상가군 재조명』 서울연구원 주최 심포지엄 자료집, 2013.12.

하이퍼폴리스와 '실천지식':

을지로 연구에 대한 개괄을 마무리하며 다음과 같은 포괄적이며 상호 관련된 두 가지 질문을 제기해 볼 수 있다. 첫째 서울건축학교에서의 지방도시연구로 시작된 설계 중심의 지식생산은 보다 전통적인 '학술적' 지식과 비교해서 어떤 가치가 있는가? 둘째 이들의 기획, 즉 공공영역의 확대, 복잡계 등과 같은 과학주의적 이론의 적용을 통한 '하이퍼폴리스' 을지로의 치유계획은 결국 또 다른 보편적 이론의 믿음에 근거한, 그리고 이러한 믿음의 순진한 실현을 추구했던, 그리고 1960년대에 막을 내린 근대주의적 기획이 아닌가?

이에 대한 답을 찾기 위해 이종호를 중심으로 GSUA에서 생산된 지식에 대해 평가할 때 이들이 철학적 또는 과학적 개념들에 어떤 태도를 보였으며 어떤 식으로 다루었는지를 주목할 필요가 있다. 이종호는 을지로 및 세운상가 재생에 대한 생각을 피력한 글인 「세운상가군의 잠재력」에서 철학적 개념과 일상적 용어 사이를 자유롭게 넘나들며, '잠재성'에 대한 철학적 사유가 도시건축 분야를 포함한 일상의 영역을 이해하는 데 유익함을 강조함과 동시에 이러한 용어의 사용이 형이상학적 사유의 엄격함에 머물 필요가 없음 또한 강조한다. 또한 김성우는 철학적 학술 분야에서 만들어진 개념을 이종호가 사용하는 방식에 대해 다음과 같이 설명한다. "굉장히 많은 자료와 학습과 경험을 토대로 개념들이 하나의 단어로 축약된 거다. 한마디로 정의할 수도 없는 것이고, 선생님 또한 개념어에 대한 구체적인 설명은 잘 안 하셨다. 오히려 우리가 나름대로 해석한 것을 듣고 대화하는 것을 좋아하셨다. 늘 질문을 던지고 돌아오는 대답들에 수용적 태도를 취하셨다. 그런 과정 속에서 용어들이 점점 영글어간 거라고 생각한다."주28

주28. 김성우, 앞의 글.

앞서 서울건축학교 워크숍에서 2005년부터 '하이퍼폴리스'로서의 한국 도시라는 가설적 전제가 등장하였음을 보았다. 한예종에서의 초기 5년간의 서울연구 이후, '하이퍼폴리스' 개념은 다시 한 번 재정비되며 더욱 실천적 개념으로 발전한다: "지난 5년간의 리서치가 현대사회의 모든 도시들이 공통적으로 가지고 있는 어떤 진공(결여)상태에 더하여 아시아의 도시 하이퍼폴리스가 그것의 역사적 경험의 차이들 때문에 덧붙여 가지고 있는 이중의 진공상태에 대하여 그 의미를 찾는 과정이었다면, 앞으로 2년간의 리서치+프로젝트는 모호한 엄브렐라로서의 하이퍼폴리스의 도시건축적 특이성을 정의 내리기 위하여 보다 실천적이고 적용 가능한 하이퍼폴리스의 도시 모형들에 대하여 연구해 보고자 한다."주29 이처럼 을지로 연구에서 개념은 '모호한 엄브렐라' 또는 '진행될 연구와 설계를 위한 가설적 가이드라인' 그리고 프로젝트의 진행과정에서 다양한 주제를 발전시키는 연구자들 간의 소통을 도와주는 역할을 했다. 이것은 완전히 '검증되어야 하는 개념'이 아니었으며 '건축적 실천 속에서 계속적으로 발전되어가는 가설'이었다. 이종호는 이미 2000년에 서울건축학교 여름워크숍을 주제로 한 『건축문화』와의 대담에서 다음과 같이 '이론과 실천'의 관계에 대한 입장을 밝힌 바 있다. "도시는 사람들의 삶을 담아내는 형식이며, 그 도시를 이해하는 데는 일정한 해석의 틀이 필요합니다. 그 해석의 틀은 직접 발로 뛰어 찾아내고 논의를 일으키고 대안을 만들어보는 일련의 과정을 통해서 얻어지는 것입니다."주30

주29. 이종호, GSUA 2011년 설계연구스튜디오 1학기 강의계획서

주30. 이종호, 『건축문화』 2000.09. 161쪽

결론 :
을지로 연구가 남긴 것

서울건축학교 시절부터 시작한 오랜 연구 경험을 통해 발전시킨 가설적 전제 '하이퍼폴리스'가 잘 보여주듯, 이들이 천착한 대상, 즉 서울로 대표되는 아시아의 대도시는 계속되는 성질변화, 혼종적 특성, 급속한 팽창 등으로 특징지을 수 있다. 달리 말하면 20세기 전반기에 만들어진 합리주의적 보편성을 지향하는 기능주의적 도시계획과 같은 이론의 일방적 적용을 거부하는 대상인 것이다. 다시 말해 오늘날의 도시 상황은 적용할 이론으로서 '근대주의적 기능주의'의 부적절성을 선언할 뿐만 아니라, '특정 이론의 일방적 적용'이라는 생각 자체가 유효하지 않다는 것을 의미하며 더 나아가 '이론의 적용으로서의 실천'이라는 생각 자체를 문제시 해야 한다는 것을 의미한다. 따라서 '기존의 이론으로 파악할 수 없는' 그리고 같은 이유에서 '그러한 이론의 적용으로서의 실천'을 상정할 수 없는 대상을 다룰 때 이들이 탐구의 중심적 수단으로 삼은 것은 설계 또는 미래를 향한 입장 표명이라고 할 수 있는 '프로젝트'였다. 이는 현실에 개입하려는 의지를 기반으로 하며, 따라서 현실과 거리를 두고 안정된 이론을 만들어내는 것과 근본적으로 성격을 달리하는 기획이다.

도시계획가이자 도시이론가인 파올라 비가노Paola Vigano가 강조하듯이, 현대는 불확정성으로 특징되며, '이미 확립된 규칙들의 체계를 단순히 작용하는 식의 행동 또는 실천'은 더 이상 유효하지 않다.주31 달리 말해 전통적 의미에서의 '전문가'가 위기에 봉착한 시대이다. 이종호는 이러한 상황을 누구보다 잘 인식했으며 이러한 조건 속에서 유용한 지식을 생산하고 이런 조건 속에 유익한 환경을 만들어내는 일을 시도하고자 했다고 판단된다. GSUA의 연구를 이끈 개념적, 프로그램적 도구들 즉 가설적 개념으로서의 '하이퍼폴리스' 도시를 연구하고 여기에 개입하는 태도로서의 '리얼-리얼리티' 그리고 설계 스튜디오와 상호보완적 성격을 지녔던 세미나였던 <이론과 실천>은 모두 이와 같은 이종호 및 GSUA의 입장을 대변한다. 그것은 어떠한 '실천'에도 통용될 보편적 '이론'에 대한 것도 아니었으며, 특정 '이론'의 적용으로서의 '실천'을 도모하는 것도 아니었다. 이종호와 GSUA가 행한 것은 결코 완성되어 고착될 수 없는 '지금 여기'에서의 도시건축에 대한 지식 생산의 과정이었다.

서울에 대한 도시건축적 논의에서 기존의 이론적 잣대, 외국 도시를 기준으로 한 부정적 평가가 지배적이던 상황에서 <을지로 연구>라는 특수한 프로젝트가 추진된 배경은 무엇일까? 이종호는 바로 이러한 '비판적 무기력'의 상황에 대한 회의가 동인이 되었다고 술회한 바 있다. 즉 '비판 이후'를 얘기해야 한다는 것이다.주32 이러한 생성의 기획 혹은 이론실천의 기획은 한국 도시계획 분야에서 자리를 만들어 가고 있었다. 이종호는 2013년 1월의 한 토론회에서 다음과 같이 진단한다. "지난 10년간 이렇게 겪어온 바로 보면, 옛날에는 도시동네하고 건축동네 사이에 담이 굳건히 있었어요. 그래서 다른 세계와 말을 섞으려고도 안하고, 우리가 가서 말 좀 섞자고 애원하는 것이었지, 도시동네에서는 관심이 없었어요, —이 사람들 뭐 하는 거지, 이건 우리 동네인데?— 그랬어요. 그런데 지난 10년 사이에 벌어진 현상은 뭐냐면 끊임없이 그런 얘기들을 하고, 어떤 때에는 세미나 자리에서도 부딪히고 하다 보

주31.
Paola Vigano, Les Territoires de l'urbanisme. Le projet comme producteur de connaissance, traduit de l'Italien par Anne Grillet-Aubert, MétisPresses, 2014(2010), pp.11-14.

주32.
이종호, 「하이퍼폴리스 2012」 GSUA

니까, 이 사람들이 나쁜 의미에서는 우리들을 활용할 줄도 알게 되었고, 좋은 의미로는 "아, 이게 좀 교섭되어야 되겠다"라고도 생각하게 되었어요". 주33

주33. 이종호, 「하이퍼폴리스의 기억술」 앞의 글

이러한 대안적 도시지식 생산이 기존의 학술적, 직업적, 행정적 체제 안에 어떻게 자리잡을 수 있을지는 쉽게 예측할 수 없다. 이러한 연구 방식, 더 나아가 불확정적이며 실천지향적인 지식이 갖는 가치에 대한 인식이 공유되어야 하는 과제가 남아 있기 때문이다.

이종우

한양대학교에서 건축 공부를 시작했다. 프랑스 파리 에스트(Paris-Est) 대학교에서 장 루이 코헨(Jean Louis Cohen) 교수의 지도 하에 프랑스 1960년, 1970년대 건축문화의 쇄신에 관한 연구로 박사학위를 받았다. 한국예술종합학교, 숭실대학교 등에 출강 중이며, 한국연구재단의 지원을 받아 한양대학교에서 박사후 국내연수를 수행 중이다. 20세기 후반 이후 유럽 건축계에서 전개된 도시 및 사회 문제에 관한 논의를 주로 연구하고 있으며, 1980년대 이후 한국 현대 건축으로 관심의 영역을 확장하고 있다. 「프랑스 68세대 건축가들의 근대운동 재해석의 배경과 의미」「건축가, "세속적이며 고매한": 4.3그룹의 문화적 담론의 현실적 조건」 등의 글을 발표하였다.

건축가 이종호의 공공연구 프로젝트

이론의 탐구 II

장용순

이종호가 남기고 간 궤적들

건축가 이종호의 공공연구 프로젝트 : 장용순

첫 만남

갑자기 사라져간 누군가의 지나온 궤적을 추적하는 것만큼 어려운 것은 그가 더 살아있었다면 무엇을 할 수 있었을까 생각해보는 일이다. 어떤 순간 그가 이 자리에서 어떤 이야기를 하고 있을 것이라고 느낄 때, 그 어느 때보다 사라진 사람의 빈자리를 느끼게 된다. 어떤 사람들은 사라짐으로써도 존재만큼 명확한 흔적을 남긴다.

내가 학창시절에 이종호의 작품이었던 바른손 사옥을 자주 지나가면서 보았던 것과 유학시절 여름 방학에 SA 여름 워크숍에서 그와 몇 번 스쳐지나갔던 것을 제외한다면, 내가 이종호를 처음 만난 것은 유학에서 돌아온 2007년 겨울이었다. 귀국 후에 민현식 선생의 건축사사무소 기오헌에서 일하던 당시 사무실 일로 우연히 찾아갔던 스튜디오 메타에서였다. 그는 카리스마 있고 동시에 정중한 태도로 나를 맞이해주었고, 우리는 함께 차를 마시면서 내가 유학시절 공부한 내용들과 박사논문에 대해서 이야기를 나누었다. 그는 내가 박사논문으로 연구한 들뢰즈Gilles Deleuze에 대해서 큰 관심을 가지고 있다면서, 다음 한 해 동안 한예종 전문사 과정에서 <이론과 실천>이라는 과목을 맡아주기를 청했고 나는 흔쾌히 수락했다.

철학적 담론과 도시

2008년 봄부터 20명 남짓한 한예종 전문사 과정 학생들에게 들뢰즈의 구조 개념과 생성becoming 개념에 대해서 강의를 했고, 그는 자주 수업에 들어와서 맨 뒷자리에 앉아 있었다. 항상 지그시 눈을 감고 생각에 잠긴 표정은 깊은 고민 속에서 뭔가를 찾고 있는 듯했다. 강의와 토론에 이종호 뿐만 아니라 당시 한예종 교수로 있던 민현식 선생과 한예종 전문사 과정 설계 선생님이었던 김태형, 송재호 등이 함께 참여하여 질문과 토론으로 즐거운 시간들을 보낼 수 있었다. 그는 리좀rhizome이나 다양체manifold, 생성의 개념에 대해서 깊은 관심을 가지고 구체적인 건축적 도시적 적용에 대해서 나의 의견을 물었다. 리좀은 뿌리줄기를 뜻하는 말로 나무와 대조되는 개념으로 위계가 없는 네트워크 같은 구조를 말한다. 들뢰즈는 그의 저서 『천개의 고원』에서 리좀과 나무의 개념쌍으로 책의 구조, 사유의 구조, 도시의 구조, 사회의 구조 등을 설명해 나간다. 암스테르담이나 베니스 같은 도시는 리좀적인 성격을 갖고, 중앙집중식의 도시는 수목적인 성격을 갖는다는 것이다. 영토화·탈영토화territorialization · deterritorialization, 기관 없는 신체body without organs, 배치assemblage; agencement의 개념도 이 강의에서 언급되었다. 우리는 이런 개념들을 사회를 조직하는 방식, 도시를 조직하는 방식으로 확장시키면서 구체적인 모델로 발전시키기를 시도했다. 이종호는 이런 개념들의 추상적인 사변보다는 적극적인 실천적 방안에 관심을 가지고 있었다.

그 당시 한예종 전문사 과정에서는 서울에 대한 프로젝트가 진행 중이었다. 그는 나를 프로젝트 리뷰에 몇 년 동안 항상 크리틱으로 초대해주었는데, 그런 종류의 도시적 프로젝트에 큰 관심을 가지고 있었기 때문에 나에게는 행복한 일이었다. 한예종 전문사 과정은 2년으로 구성되지만, 각 주제는 리서치에 기반을 둔 프로젝트로 이루어진 1년짜리 과정이었다. 2006년에 진행된 용산에 대한 프로젝트는 후에 작품집으로만 보았고, 2007년 귀국 후 지하철 2호선 프로젝트에 크리틱에 참여한 이후로, 한강, 내부 순환도로, 외곽 순환도로, 서울의 도시 건축적 이슈 등에 대한 크리틱에 참여하면서 이종호와 한예종 전문사 과정 스튜디오가 어떤 관점에서 도시를 바라보고 있는지를 배우고 알아갈 수 있었다. 서울의 주요 거점에 대한 탐구가 끝난 후에 보다 구체적인 장소인 을지로를 타겟으로 삼아서 보다 집중적인 연구와 프로젝트가 몇 년간 이루어졌다. 인프라스트럭처의 활용의 문제, 교통 인프라에 의한 단절의 극복 문제, 거대 역 주변의 문제, 도시 거대 블록의 문제, 가로의 문제, 상업과 주거의 혼합의 문제, 도시적 프로그램들의 혼합의 문제, 도시적 스케일의 친환경의 문제, 심지어 교육 시스템의 문제까지 각종 이슈들이 다양한 각도들에서 접근되었다.

여러 안 중에 인상적이었던 것이 있었다. 빗물에 의해서 변화하는 도시에 대한 제안이 있었는데, 그것은 도시의 최종적인 결과물을 제안하는 것이 아니라 자연환경에 의해서 도시의 모습이 변화 생성하는 안이었다. 시장의 작은 빈터를 어떤 식으로 재조직할 것인가에 대한 제안이 있었고, 용적률 · 건폐율 등의 제안을 한 블록

안에서 주고 받고 절충해 가면서 상업적인 효율을 손해보지 않으면서 도시를 만드는 방법을 제안하는 안이 있었다. 현재 상태의 문제를 발견해내고 보다 좋은 상황을 제안하면서도 동시에 현실적인 기반을 놓지 않았던 것이 인상적이었고, 거시적 관점에서 개입을 하기도 하지만, 동시에 미시적인 상황들을 재조직하는 것을 놓치지 않는 프로젝트들을 볼 수 있는 것은 즐거운 일이었다. 현실의 아래쪽에서 작동하는 미처 느끼지 못했던 어떤 것들을 발견해내는 관점이었다. 이런 것들은 종종 눈앞에서 벌어지는 것이었는데도 그냥 스쳐지나가는 것이 많았다. 막연한 건물의 형태나 비례만을 언급하는 학생 수준의 프로젝트가 아니라 법규나 경제적인 측면이 구체적으로 언급되는 프로젝트들도 많이 있었다. 크리틱을 하는 입장이지만 프로젝트 하나 하나에 담겨진 이종호, 김태형, 송재호, 김성우 선생의 관점을 발견해내고 배워가는 것이 즐거웠다. 또한 현실적이면서도 철학적인 담론의 성격도 프로젝트들에서 발견할 수 있었는데, 나는 철학적인 담론이란 것이 작은 건축 프로젝트보다는 도시 프로젝트와 많은 공명을 할 수 있다고 생각하기 때문에 더욱더 <이론과 실천> 강의에서의 나의 철학적 관심과 한예종 전문사 과정 도시 건축 프로젝트에서의 이종호의 도시적 관심이 어떤 연결지점에서 만날 수 있었던 것 같다.

2010년 겨울 어느 날 대학로에서 솥밥을 먹은 후, 카페에서 서울에서의 도시적인 문제와 자본주의의 도시, 그리고 도시의 미래에 대해서 대화를 나눴던 것을 기억한다. 그의 관점은 막연한 과거에 대한 회귀적 향수의 관점도 아니었고, 한국적이거나 전통적인 것에 집착하는 것도 아니었다. 그렇다고 유럽의 사회나 도시, 혹은 어떤 외국의 모델을 기준으로 삼고 있지 않았다. 그는 서울이라는 매우 특수한 상황의 도시의 특이성을 끊임없이 사유하면서도, 그것을 넘어서는 어떤 것을 찾고 있었다. 그가 생각하는 도시나 사회는 정확하게 손에 잡히지는 않지만, 자본주의 이후에 다가올 어떤 도시나 사회인 것 같은 느낌이었다. 그 대안이 명확하게 제시되지는 않았지만 현재의 경제 시스템을 넘어서는 새로운 거주와 공존의 방법을 고민했던 것 같다. 도시가 운영되는 미세하고 치밀한 원리와 논리들을 이해하지 않고서는 그것을 파헤쳐 나가는 건 어려운 일이었고, 그렇기 때문에 한예종 전문사 과정이 현실적인 조건들을 놓치지 않도록 지도했던 것 같다. 전통적인 유럽 도시의 모델로도 파악되지 않고, 19세기와 20세기 초반의 근대 도시 모델로도 설명되지 않고, 뉴욕이나 로스앤젤리스 같은 20세기의 도시 모델로도 파악되지 않는 도시, 그에게는 서울이 기존의 개념들을 넘어서는 도시였고, 그에게 서울은 메타폴리스metapolis였으며, 그것이 몇 년 동안 한예종 전문사 과정의 설계 주제였다. 도시의 기본적인 조건인 욕망, 이윤, 자본의 문제는 수업이나 크리틱 그리고 자연스럽게 이어지는 술자리에서도 언급되었는데, 이 문제들은 미시적인 수준까지 너무나 깊이 침투되어 있어서 어떤 식으로 그 조건들을 뛰어넘어서 재조직할 수 있을지는 매우 어려운 문제였다.

복잡계, 다양체, 창발

현대 도시를 이해하고 그 담론을 확장시킬 수 있는 방법으로 이종호와 내가 공통적으로 공유했던 중요한 화두 중 하나가 복잡계였다. 정확하게 어떤 경로로 이종호가 복잡계와 도시를 연결시킬 수 있다는 생각을 하게 되었는지는 알 수 없다. 제인 제이콥스Jane Jacobs식의 하향식 도시개발에서 생각의 시발점을 얻었을 수도 있고, 어쩌면 일리야 프리고진Ilya Prigogine이나 마뉴엘 데 란다Manuel De Landa 등의 학자들이 쓴 책에서 영향을 받았을 수도 있다. 나는 유학 시절에 들뢰즈의 『차이와 반복』『천개의 고원』의 결과들이 자연스럽게 복잡계의 논리로 연결이 되고, 그런 측면이 동시에 들뢰즈의 철학이 가지고 있는 생명 철학, 생기론vitalism의 관점과 연결되어 있다는 것을 알게 되었다. 결정론적인 세계관에서 벗어나서 도시와 세계를 우연과 생성을 긍정하는 생명의 관점에서 읽어내야 하고, 그런 관점이 복잡계의 관점과 연결되어 있다는 것이 박사논문의 중요한 결론 중 하나였다.

나는 귀국한 이후로 내 박사논문을 네 권의 책으로 나누어서 출판하는 작업을 계속하고 있었다. 내 논문의 네 번째 장을 복잡계와 생기론에 대한 나의 네 번째 책으로 출판하는 작업을 정리하고 마무리하던 2012년 봄, 그도 복잡계에 많은 관심을 갖고 있었다. 복잡계의 개념인 이산 구조dissipative structure, 창발emergence, 카오스chaos, 이상한 끌개strange attractor 등에 대해서 이야기를 나눴다. 이종호는 『패턴 랭귀지』의 저자인 크리스토퍼 알렉산더Christopher Alexander가 최근에 낸 저서에서 그가 생각한 도시론이 복잡계 이론과 밀접하게 연관된다는 사실을 언급하는 내용을 나에게 이야기 해주었다. 그 사실이 나에게 더욱 흥미로웠던 것은 가라타니 고진이 그의 저서 『은유로서의 건축』에서 리좀에 대해서 설명하면서 크리스토퍼 알렉산더가 도시를 설명할 때 "도시는 나무가 아니다"라고 이야기하는 내용과 다이어그램을 설명하고 있는 것을 알고 있었기 때문이었다. 이런 관점이 자연스럽게 복잡계 이론으로 확장되었다는 사실이 흥미로웠다. 복잡계 이론은 사실 그 응용 범위가 정말 무궁무진해서 공진화, 자기 조직화 등 도시와 생명의 논리를 연결시키고, 자연과 인공의 원리를 함께 생각할 수 있는 매우 가능성이 있는 이론으로 생각되었다.

이즈음에 한예종 전문사 과정에서 그는 『이머전스emergence』『복잡계 개론』 등 복잡계에 관련된 책을 학생들과 함께 읽으면서 세미나를 진행하였고, 유명희, 윤영수, 황지은 등 다른 복잡계 전문가들과 함께 이야기를 나눌 기회를 제공하였다. 나도 이 세미나에 들뢰즈와 관련된 복잡계 이론의 가능성을 설명하였다. 그는 복잡계, 다양체, 창발의 개념을 도시와 연결시키고 싶어했는데, 특히 그 대상이 되었던 것은 당시 한예종 전문사 과정 프로젝트로 진행되고 있던 을지로 프로젝트였다. 그는 상향식bottom-up 도시 계획의 대안을 복잡계에서 찾아보려고 노력했고, 그 관점은 내 생각과 많은 부분 일치하였다. 그것은 결과물로서의 마스터플랜을 제안하는 방식이 아니라 과정으로서의 점진적인 방식을 추구하는 것이었다. 그 관점은 전체를 순식간에 제안하는 것이 아니라 부분으로부터의 생각해나가는 것이며, 혼돈스럽게 보이는 작은 변화와 움직임으로부터 질서의 조각들을 발견해나가는 것이었다. 그는 을지로를 복잡계나 다양체로서 읽어내길 바란다고 이야기했다.

복잡계 이론은 근대과학의 분석적이고 환원주의적인 사고방식에 대항하여 세계를 통합적 시스템으로 이해해 보려는 이론이다. 이 이론은 근대과학의 환원주의적 방법으로 포착되지 않는 여러 현상들의 관찰로부터 다양한 분야(기상학, 유체 역학, 열역학 등)에서 발견되었고, 그런 현상들이 서로 공통된 주제들로 연결된다는 것이 밝혀지면서, 20세기 후반에 이르러 복잡계 이론이란 이름으로 그 모습을 드러냈다. 북경에서 나비가 날개짓을 하면 뉴욕에서 폭풍이 일어날 수 있다는 "나비효과butterfly effect"는 초기 조건의 민감성을 나타내는 복잡계의 대표적인 현상 중 하나이다. 기상학자 로렌츠Edward Lorenz가 컴퓨터로 기상현상을 시뮬레이션 하던 중에 소수점 세 자리 이하 숫자를 제거하는 실수로 완전히 다른 시뮬레이션이 만들어지는 현상을 발견하였고, 이것은 비선형 방정식으로 구성되었기 때문에 나타났다. 이런 현상 이외에도 하나의 체계가 기존 질서의 균형이 파괴되고 안정성의 경계를 넘어서 비평형 상태에 놓였을 때 과거와는 전혀 다른 새로운 구조를 확립하기 위한 역동적 과정으로 돌입하는데, 일리아 프리고진Ilya Prigogine은 이런 비평형 구조를 "이산구조dissipative structure"라고 불렀다. 복잡계 이론에서는 안정 상태, 평형 상태보다는 불안정 상태, 비평형 상태에서 발생하는 현상에 주목한다. 이 이외에도 혼돈의 가장자리edge of chaos에 있는 시스템이 상황과 환경의 변화에 더 쉽게 적응함을 발견한 카우푸먼Stuart Kauffman의 이론, 러브록James Lovelock과 매걸리스Lynn Magulis의 가이아 이론, 자기 조직화, 항상성 개념 등이 복잡계 이론에 속한다. 복잡계 이론은 이전의 과학이 설명할 수 없었던 혼돈의 영역과 개체의 수가 많은 복잡성의 영역에 대해 탐구하며, 자연과 기계의 이분법을 넘어서서 시스템을 사고하려고 시도하고 있으며, 이런 사고 방식은 도시를 근대 도시론의 요소 분석적인 환원적 사고 방식에서 벗어나서 전체의 시스템으로 사유하는 데 큰 도움을 준다.**주1** 이종호는 이런 현상들을 을지로에서 그리고 다른 프로젝트에서 발견해내고 실현하려고 했던 것이 아닐까?

주1.
복잡계에 대한 내용은 필자의 책『현대 건축의 철학적 모험 4권 : 생기론』에 더 자세히 기술되어 있다. 복잡계와 도시와의 문제는 현대 도시론에서 미완의 과제로 무궁무진한 가능성으로 남아 있다.

어느 날 한예종 연구소를 찾아갔을 때, 그가 보로노이 다이어그램을 이용해서 광장을 설계하고 있는 것을 볼 수 있었는데, 그것도 역시 복잡계와 연결된 시도 중 하나였다. 그가 진행하고 있던, 내가 알지 못하는 많은 프로젝트들에서 이산구조, 창발, 이상한 끌게 등 복잡계의 이론들을 적용해보려고 했을 것이라고 생각된다. 한예종 전문사 과정 프로젝트에서는 창발, 복잡계란 용어가 직접적으로 언급되었고 개념을 적용하려는 시도가 프로젝트에 나타나 있다. 하지만 을지로에서 명확하게 어떤 방식으로 복잡계적인 창발을 이끌어낼 수 있을지에 대한 해답을 찾아내기에는 그에게 남은 시간이 충분하지 않았다.

초월도시

그는 세운상가의 철거와 전면 재개발에 반대하는 입장을 가지고 있었으며, 상징적이면서 실질적인 행위로서 세운상가의 사무실을 임대해서 사용했다. 2013년 겨울 그는 세운상가의 사무실에서 강수미와 몇몇 지인들을 초대하여 발터 벤야민에 대한 세미나를 개최하였다. 그가 벤야민을 세미나의 주제로 선택한 것은 시대의 전환기에 아우라, 기억, 도시에 대해서 고민했던 벤야민의 사유들을 이 시대 서울, 특히 을지로와 세운에서 이어가고 확장해보려는 것이었을 것이다. 그해 겨울은 매우 추웠고 사무실이 난방이 잘 되지 않아서 세미나를 할 때 추웠던 기억이 난다. 차와 다과가 준비되었고, 긴 테이블에 여러 명이 길게 앉았다. 세미나는 강수미가 한쪽에서 이미지와 텍스트를 정리한 파워포인트로 설명하고 토론하는 방식으로 진행되었다. 내가 앉은 자리의 반대편에는 이종호의 책꽂이가 있었는데 그곳에는 도시, 철학, 경제 등에 대한 책들이 가득히 꽂혀 있었다. 이 세미나에서 벤야민에 대한 미학적이고 도시적인 관점들이 언급되었고, 이종호는 이론 개념들을 세운상가나 현실적인 도시적 현상들에 연결시키고자 하였다. 벤야민 세미나가 끝나갈 무렵 그는 다음의 세운 세미나가 4회로 계획된 세미나로서는 미흡하여 좀 더 연장할 필요가 있음을 의논했다. 세미나에서 이루어졌던 논의를 연장하여 좀 더 구체적으로 현실적 프로젝트에 적용할 내용으로 자본주의와 도시에 대한 세미나를 지속하기로 생각을 좁혀가고 있었다. 조명래를 비롯한 몇몇 학자들이 그 다음 세미나를 이끌어갈 후보로서 논의되었다. 그런 논의에서 그는 항상 말하던 (사유의 초점 또는 주제였던) 메타폴리스metapolis의 번역어를 '초월도시'라고 이름 붙였다. 그의 메타 건축은 건축을 넘어서 있는 어떤 곳으로 가려고 했고, 메타-폴리스는 현대의 도시와 사회를 넘어서는 어떤 곳으로 가려는 것으로 생각된다. 그 지점은 과연 어디였을까? 그가 꿈꾸었던 세상은 어떤 것이었을까? 하지만 그 이후 세운 세미나는 더 이상 없었다. 그와 연락이 끊어진 것은 옷을 여러 겹 입고 따뜻한 차를 마시고 있어도 추위가 느껴지던 어느 겨울날이었다. 그가 의욕적이고 주도적으로 세미나 프로그램을 논의하여 몇 년간 지속되리라고 생각되었던 세미나는 믿지 못할 정도로 갑자기 중단되었다.

그의 꿈

이 땅과 시대를 고민하던 건축가 이종호의 모습은 사회와 도시의 미래를 꿈꾸던 고뇌하는 한 인간으로 나에게 깊이 각인되어 있다. 그는 항상 경계에 서 있었던 것 같다. 현재를 넘어서는 이상을 꿈꾸지만 현실의 끈을 절대 놓지 않는 이상과 현실 사이의 어떤 것이고, 도시에 대해서 다루지만 건축과 연결된, 도시도 건축도 아닌 그 사이였다. 그가 지향했던 지점은 이 시대의 현실과 이 땅의 특수성을 받아들이나 그것을 넘어서는 곳, 그 지점은 과연 어떤 곳이었을까? 그가 꿈꾸던 곳은 아래로부터의 끓어오르는 창발이고 끊임없이 생성 변화하는 초월도시였을까? 그는 더 이상 말이 없지만, 그가 남긴 사유의 궤적은 이상한 끌개처럼 혼돈 속의 희미한 질서가 되어 우리를 이끌고, 그가 남긴 공백은 채워질 수 없는 한 마리 나비의 날개짓처럼 끊임없이 움직임을 만든다.

장용순

홍익대학교 건축대학 교수. 서울대학교 건축학과에서 학사, 석사를 마치고 파리 베르사유 건축 대학교를 졸업한 뒤 자크 리포 설계사무실에서 실무를 배우고 프랑스 국가공인 건축사(DPLG) 자격을 취득했다. 파리 8대학 생드니 철학과에서 알랭 바디우의 지도로 「현대 건축과 도시론의 철학적 토대」라는 논문으로 박사학위를 받았다. 민현식의 건축설계사무소 기오헌에서 실무를 익혔다. 저서로 『현대건축의 철학적 모험 1권~4권』(미메시스 출판사)이 있다.

건축가 이종호의 공공연구 프로젝트

유휴시설 활용과 폐교 연구

이선철

재생과 활력 그리고 창조를 위한 공간

건축가 이종호의
공공연구 프로젝트 :
이선철

건축가 이종호와의 인연

건축가 이종호와는 이십여 년 전 대학로 메타빌딩 1층에 필자가 재직하던 단체의 연습실 겸 레코딩스튜디오가 입주하며 만나게 되었다. 필자는 예술경영을 전공하였기에 비록 건축과 직접 연관되는 영역은 아니었으나 건축가 김수근의 공간사랑이 문화계에서 차지하는 위상과 업적을 잘 알고 있어 그런 유산을 이어나가는 인사와 한 건물에서 지내게 된 것을 큰 혜택이라 생각했다. 비록 당시 일의 성격상 직접 작업을 같이 할 기회는 적었지만 서로 좋은 인상과 깊은 신뢰를 가지게 된 동거의 기간이었다.

이후 필자는 창업을 하여 공연과 음반제작 그리고 극장운영과 축제기획 분야에서 활동하다 개인적인 관심과 꿈을 위해 강원도 평창의 한 산골마을로 이주를 결심하게 되었다. 서울에서 태어나 자라고 문화예술 분야에서 일했지만 자연친화적인 생활을 꿈꾸어 틈틈이 전국을 다니며 기회를 노리던 중 폐교를 활용한 귀촌 계획을 세우고 평창에서 적당한 대상을 하나 발견하게 되었다. 학교가 문을 닫은 지 꽤 오래된 데다 이후에도 상당한 기간 동안 방치되어 있어 흉물스런 상태였지만, 첫해 임대료만 내면 넓은 실내외 공간을 마음껏 쓸 수 있다는 폐교의 장점에 덜컥 임대 계약을 맺었다.

일단 사람이 살 수 있는 최소한의 여건을 만드는 것이 급선무였으나 수중에 가지고 있는 돈이라고는 기백만 원이 전부여서 우선 교실 한 칸만 원룸처럼 개조하여 난생 처음 시골생활을 시작했다. 꿈꾸던 삶을 실천하는 데서 오는 즐거움도 있었지만 마음 한 구석에는 과연 오래 잘 적응할 수 있겠나 싶은 염려도 없지 않았다. 처음부터 거창한 비전이나 치밀한 계획이 있었던 것은 아니었지만 그래도 하던 일의 경험과 진정성을 가지고 일을 만들다 보면 그럭저럭 개인적으로도 재미있게 살고 지역에도 뭔가 도움이 되지 않을까 하는 마음과 도전 의식이 전부였다.

감자꽃스튜디오:
분교의 진화

그러던 중 우연히 당시 김진선 강원도지사와 군청 관계자들이 방문을 하게 되었고, 이 공간을 지역의 공공 문화공간으로 활용하기 위한 방안을 모색하기 시작했다. 군청은 교육청에서 건물을 매입하여 필자에게 위탁 운영을 맡겼고, 리모델링을 위해 예산을 모아보았다. 여기에 부족한 자금은 문화부의 지원 사업을 활용하기로 했다. 당면 과제는 공간의 개보수였는데 건물이 그대로는 도저히 쓸 수 없는 상태이다 보니 고민이 많았다. 도움을 청하기 위해 처음 찾아간 사람은 당연히 이종호였고 우리는 함께 머리를 맞대었다. 결국 이 리모델링이 건축가 이종호와 실질적인 첫 협업의 산물이었다. 그러나 이는 만만치 않은 작업이었다.

적은 예산으로 학교의 역사성도 살리고 향후 문화공간으로 전문적인 기능을 갖추어야 하는 여러 마리의 토끼를 잡을 방법을 궁리했다. 원형의 보존과 과감한 디자인의 조화 또한 만들어보기로 했다. 아무리 낡고 버려진 폐교 건물이지만 그래도 마을의 중심에서 주민들의 모교 역할을 했을 터이니, 이 공간이 헐려 나갈 때 주민들에게 상실감을 주는 것은 바람직하지 않기에 기본적인 골격과 형태는 유지하되 지역의 새로운 랜드마크로 자리잡기 위해서 다소 혁신적인 방법이 필요했던 것이다.
결국 학교 건물의 원형은 존치하면서 앞부분에 폴리카보네이트와 유리로 장착된 아트리움을 증축하는 방식을 채택했다. 그리고 건물 뒤 복도는 실내공간으로 확장하여 활용도를 높이고 출입과 사용 동선을 전면으로 조정하여 건물의 활력을 더하기로 했다. 아트리움 공간은 무대와 데크 및 화단을 조성하여 또 하나의 실내 공간으로 변모시켰다. 그다지 미학적일 것도 없는 건물이니 전면부에는 반투명의 재질을 씀으로써 안에서의 활동이 완전히 노출되지는 않으나 호기심 유발 수준의 노출을 허락하는, 일종의 신비주의 전략이었던 셈이다. 단열, 방수, 방음 어느 것 하나 제대로 된 것이 없었으니 향후 관리상의 비용도 신경 쓰지 않을 수 없었는데, 다행히 아트리움은 원 건물의 에너지 효율성을 높여 주었다.
이렇게 하여 작은 공간이지만 옛 교실과 강당은 사무실과 극장, 박물관, 도서관, 카페 및 작업실과 게스트 룸으로 바뀌어 활용되고 있다. 각 공간에는 옛 학교에서 쓰던 대로 교무실, 교장실, 숙직실, 소사실, 강당, 도서관, 운동장 등으로 이름을 붙였다. 이 안에서 다양한 장르의 작가와 예술 강사, 문화예술 단체와의 협업과 문화기관의 지원을 활용하여 지역의 청소년들과 주민들 그리고 취약계층을 위한 문화예술교육 프로그램을 진행했다.
이전에 초등학교에서 열리던 절기별 행사도 그 명칭과 취지를 살려 다시 개최하기 시작했다. 주민들의 동아리를 활용한 잔치 '봄 소풍', 지역 아동들을 위한 방학 프로그램 '분교캠프', 마을의 산림자원을 활용한 레포츠 축제 '가을운동회', 그리고 지역 교회와 함께 주민들이 직접 만든 공연으로 꾸민 '성탄극장'을 열었다. 마을 이미지를 활용한 디자인 달력과 전통예술 아카이빙 음반, 젊은 지역예술가의 공연과 전시, 음반과 출판 작업도 기획되었다. 이러한 일들은 당장의 소득창출이나 지역경제와는 무관한 것들이었지만 지역에서 문화에 대한 인식의 변화와 문화공간의 중요성에 대한 인식을 높이는 역할을 하게 되었다.

이렇게 감자꽃스튜디오의 활동이 문화계나 교육계 또는 농촌계에 각종 온/오프라인 매체나 입소문, 강의나 교류 등을 통해 외부에 알려지면서 생긴 변화는 방문자들의 증가였다. 이전에는 도대체 올 일이 없던 산골마을이었는데 이제 문화계는 물론 교육, 복지, 농촌 분야의 종사자와 단체들의 방문이 많아지다 보니 이들을 위한 프로그램을 제공하고 머무는 동안 식사와 숙박 등이 필요하게 되었다. 그러나 이를 스튜디오에서 자체적으로 해결하지 않고 전문적 프로그램의 제공은 감자꽃스튜디오가 하고, 숙식이나 체험 및 특산물 마케팅은 부녀회나 주민업소를 활용하였다. 이렇게 함으로써 문화공간과 마을 간의 효율적인 역할 분담이 생겨 주민의 펜션과 찻집, 부녀회나 가공 사업 등이 활성화되는 데 힘을 보태게 된 것이다.

최근에 감자꽃스튜디오는 지난 십여 년의 성과를 바탕으로 새로운 역할을 요구받고 있다. 일종의 2기의 시작인 셈이다. 그동안 유휴시설의 재생이나 문화예술교육의 확산이라는 초기 역할을 넘어 본격적인 마을 개발이나 고부가 사업의 기획 그리고 지역의 자원을 보다 전략적으로 엮어 지역의 경제적 가치 창출을 강화하는데 견인 역할을 해야 하는 과제가 생겼다. 그래서 감자꽃스튜디오는 운동장 한 귀퉁이에 새로운 건물을 하나 더 짓게 된다. 이른바 마을홍보나 농촌관광 또는 도농교류를 목적으로 하는 시설을 새로이 조성할 기회를 가지게 된 것이다.

이 건물은 감자꽃스튜디오가 다음 단계로 진화하는 중심이자 마을에는 새로운 비전을 제시하는 것이어야 했다. 그래서 마을을 소재로 한 예술작품 전시나 마을 특산물의 판매와 홍보를 위한 공간을 겸하면서 방문자센터이자 교류공간이자 통합마을회관으로 구상되었다. 다시 이종호와 구상에 들어갔으며 건축가 이종호는 이 건물이 신축 건물인 만큼 이전의 공간보다 혁신적인 형상을 구현하고 싶어 했다. 산에서 툭 굴러 떨어져 박힌 돌처럼 단단하면서도 앞으로의 더 발전적인 활동의 근거지로 삼으려는 의도를 반영하려 했다.

그러나 이 역시 지난한 과정이 기다리고 있었다. 운동장의 지적도를 떼어보니 정작 멀쩡해 보이던 학교 운동장은 거의 대부분 하천부지여서 시설을 지을 수 있는 공간의 위치와 형태는 매우 애매했다. 악조건에서 설계를 마친 뒤 기초를 닦고 공사를 하던 중 조금씩 모습이 드러나자 뜻밖에 일부 주민들은 거부감을 표시했다. 작든 크든 그래도 학교의 운동장은 나름대로 마을의 광장과 같은 의미였는데 이 너른 공간을 생뚱맞은 새 건물이 파먹었다는 인식이 생긴 것이다. 지난 십여 년간 그래도 비교적 호의와 성원을 받아온 감자꽃스튜디오의 평판을 새로 지은 건물 하나가 다 깎아먹을 판이었다. 게다가 입찰로 진행되는 관급 공사의 무성의하고 저급한 시공은 그렇지 않아도 위치 때문에 욕을 얻어먹어 무력감이 클 때 깊은 후회와 낙담

감자꽃스튜디오, 사진 진효숙

감자꽃스튜디오 내부, 사진 진효숙

을 불러 일으켜 지진이 나거나 산사태가 나서 건물을 덮쳐 버렸으면 하는 터무니없는 공상마저 할 정도였다.
지금은 그래도 완공이 되어 마을회의나 주민교육 또는 지역모임에 활발히 쓰이면서 친숙도가 높아지니 그 생경함과 거부감이 많이 누그러졌고 또 방문하는 사람들의 호의적인 반응에 주민들도 점차 자부심을 가져가는 눈치다. 운동장의 개념이 정원의 성격으로 바뀌면서 별도의 마을사업으로 조성되는 감자꽃스튜디오 뒤편의 체육공원이나 대형강당 그리고 체험장과 어우러져 마을의 새로운 거점으로 활용될 가능성을 보여주고 있다. 결국 이 감자꽃갤러리는 이종호의 유작이 되고 말았다.

유휴시설 활용과 폐교 연구

필자는 이종호와 감자꽃스튜디오 조성 외에 다른 지역의 기본계획이나 공간조성 또는 마을계획과 관련된 연구나 자문 프로젝트를 수행하는 일 또한 많았다. 특히 유휴시설을 활용한 재생 공간이나 농촌의 문화공간 또는 폐교 활용 프로젝트가 많았다. 그때마다 파트너로서 편의상 하드웨어적인 영역을 이종호 건축가가 맡는다면 소프트웨어나 휴먼웨어 부분의 일은 필자의 몫이었다. 과정의 시작부터 폭넓게 논의하고 현장답사와 경험을 공유했으며 협업의 범위는 언제나 대단히 포괄적인 것이었다. 이종호는 건축가로서 뿐만 아니라 지역계획 영역에서도 탁월한 역량을 가진 전문가였다. 그러나 많은 계획 프로젝트들은 건축 설계에 비해 외부로 잘 알려지지 않은 편이다.
이종호와의 연구 작업은 유달리 이른바 유휴시설의 재활용이나 다소 낙후된 지역의 재활성화 또는 용도가 변경된 곳의 도심재생적인 성격의 일들이 주를 이루었다. 춘천의 미군부대 부지인 캠프페이지 활용 계획, 대구의 옛 연초제조창 활용 계획 등이 기억에 남는 작업이다. 그러나 그중에서도 가장 많이 한 작업은 역시 폐교 연구였다. 주로 지자체에서 이종호 또는 필자를 통해 의뢰가 들어오면 서로 당연한 듯 파트너로서 연구를 협업했다. 특히 폐교 연구의 경우 1990년대 이후 최근까지 농어촌 지역의 폐교가 쏟아져 나오면서 지역이나 지자체에서는 이의 효과적인 활용을 두고 고민이 많았기 때문에 연구 의뢰가 많았던 것 같다.
이미 이전부터 개인적인 공간활용 차원에서 폐교 활용이 없는 것은 아니었으나 대부분 예술가들의 창작공간이나 개인의 소장품을 활용한 박물관 또는 다양한 형태의 교육적 기능을 수행하는 학교가 현실이었다. 이는 재원 조성이나 건물 리모델링 또는 안정적인 운영이 전제되지 않고 대단히 열악한 상황에서 개인의 희생이나 열정을 기반으로 운영되고 있었던 것이 사실이다. 그러다보니 체계적인 운영방안이나 재원의 조성 또는 전문적으로 건축 공사를 하는 것은 그리 쉬운 일이 아니었다.

공공의 관심과 지원이 반드시 필요한 일이었다.
따라서 지역에서 폐교 활용의 공공성을 인식하고 적절한 지원과 투자가 필요하다는 정책적인 욕구가 생길 때 전문적인 연구와 함께 건축가의 참여를 필요로 했다. 이는 개인이 운영할 때와는 전혀 다른 규모의 리모델링을 전제로 하는 것이어서 기본적인 콘셉트와 조성의 방식과 수준 등에 대한 전문적인 식견이 필요했다. 특히 단순히 시설 개보수가 아닌 향후 운영을 함께 고민해 줄 수 있는 전문가가 필요할 때 이종호의 참여를 원했다. 특히 필자는 개인적으로 직접 운영해본 내력으로 누구보다도 현실적인 상황을 잘 이해하고 있을 것이라는 점 때문에 참여하게 됐다.

연구의 과정

이종호는 언제나 대상지가 정해지면 그 스케일을 스스로 넓혀 지역 전반의 철저한 학습과 이해를 바탕으로 도시나 마을의 유무형의 자원을 파악하고 상상력을 기반으로 탄탄한 네트워킹과 프로그래밍 전략을 전개해 나갔다. 그리고 조금씩 스케일을 좁혀가며 구체적인 계획을 발전시켰다. 대체적으로 기본계획이나 타당성 검토의 성격이었으므로 다소 원론적인 수준의 연구로도 충분할 수 있었겠지만 단지 선형적인 계획이나 디자인의 구현만이 아니라 그 공간이 주는 복합적인 역할과 가치 그리고 대단히 거시적이면서도 현실적인 것까지 포함하는 제안에 의뢰인들은 특히 이종호를 신뢰했다.

이종호는 뛰어난 직관을 바탕으로 철저한 연구와 성실한 조사를 근거로 합리적인 결론을 제시했기 때문에 까다로울 수 있는 클라이언트들은 오히려 감동을 받기 일쑤였다. 창의적이면서도 현실적이고 사심 없는 의견에 지역의 군수에서 대도시 시장까지 그리고 전문적인 식견을 가지지 않은 주민들이나 권위적인 전문가들까지 감화시키고는 했다. 그 과정을 늘 옆에서 지켜본 필자로서는 소통과 해석 그리고 프레젠테이션의 탁월함에 감탄하곤 했다. 그러니 필자는 프로젝트를 같이 할 때마다 늘 새로운 고민과 협업이 즐거우면서 큰 공부가 되었던 것에 감사했다. 그때마다 강조했던 주안점들은 지금도 공간 기획과 운영에 지침으로 삼고 있다.

몇몇 경험이 기억에 남는다. 춘천의 옛 미군부대인 캠프페이지 활용 연구 용역을 할 때, 춘천의 다양한 자원 파악에서 실질적인 재무 타당성까지 심도 있고 방대한 조사를 진행하여 의뢰기관의 대표로부터 수의계약 범위 내에서 실시한 불과 기천만 원의 용역으로 수억짜리 작업을 했다는 평가를 받기도 했다. 대구의 옛 연초제조창을 활용한 지금의 대구예술발전소 계획에서는 대구의 도시 자원과 공간의 생태계 맥락을 분석한 후 조성될 공간에서 벌어질 사람들의 다양한 행위에 대해 스토리텔링으로 프로그램을 도출했다. 가평의 리조트 연구에서는 프로그램의 도출 과정과 이용자의 성정 분석을, 나주의 도래마을과 백호문학관은 지역의 역사 자원과 마을과의 연계성을, 봉평의 옛 학교 부지의 활용 계획에서는 시간의 분할과 시설 및 동선의 효과적인 배치를 기반으로 지역 산업과의 연계성에 주안점을 둔 참신한 도시 브랜드의 제안 등, 매 연구마다 독창적이면서도 지역의 현실을 잘 반영한 작업 내용으로 호응을 얻었다. 가장 최근에 수행한 강릉의 명주동 프로젝트는 도심폐교와 몇 개의 작은 재생 공간들 그리고 시의 전반적인 계획과의 조화 등을 강조하여 지자체의 깊은 공감을 얻기도 했다. 그는 단지 건축 디자인 연구를 넘어 실질적인 운영방안까지 아우르는 영역을 넘나들었다.

계획의 주요 원칙들

그러나 이러한 대부분의 작업은 이른바 '기본계획'에 해당하는 용역이어서 초기 단계에 방향 제시를 하고 후속 단계의 가이드라인을 제시할 수는 있으나 현실적인 행정체계나 지역의 역학관계상 강제력이나 구속력을 가질 수는 없어서 실시설계나 실제 운영단계에서는 다소 다른 방향으로 전개된 경우도 적지 않았다. 이는 실시설계 작업이나 사업적 욕심이 없었던 이종호의 일종의 결벽증도 작용했다고 본다. 그러나 대체로 그를 신뢰하고 존중했던 클라이언트들은 실무 담당자부터 의사결정의 정점에 있는 단체장에 이르기까지 항상 좋은 영감과 지침을 받은 것도 사실이어서 이후 비공식적인 멘토나 제한적인 부분 자문을 지속하도록 요청한 것이 이를 증명한다.

그의 계획의 원칙 또는 주안점 몇 가지를 분류해보면 다음과 같다.

1. 지역에 대한 연구와 분석

그의 연구는 비록 연구 대상지가 작은 건물이나 부지라 할지라도 그 연관성을 도출해 내기 위해 도시 전체 또는 마을 전체로 구상의 시작을 스스로 넓혀 방대한 조사와 분석으로 지역의 사회학적이고 인문학적인 접근과 다양한 형태의 유산들을 존중하는 데서 시작했다. 필요시 이를 위한 워크숍을 별도로 열만큼 깊이 이해하고 연구를 진행하곤 했다.

2. 직접적인 이해 당사자들의 욕구와 이전 논의의 존중

다소 부담스러울 수 있는 주민이나 이해당사자들과의 만남도 서슴지 않았으며 오히려 이런 자리에서 중재와 조정을 자처하는 경우도 많았다. 특히 그리 유쾌한 경험이 아니었던 용역이나 연구의 경우도 이종호와 만난 후 오히려 호감이나 전폭적인 신뢰와 성원을 보내는 일도 많았다.

3. 역사성의 인식과 전통의 보존 및 재창조

과거의 유산을 잘 관리하는 계승적 보전도 중요하지만, 끊임없이 진화하는 사회 속에서 새로운 전통의 창조도 필요하다는 점을 강조했다. 현재의 생활 문화적 요소나 예술적 성취를 활용하여 지역의 전통을 새로이 만들어 나갈 수 있다는 확신과 노력을 기반으로 많은 지역들이 그 성과를 보여주고 있다.

4. 과제의 해석

연구는 방대하고 고려한 요소는 다양했으나 계획의 전개와 과업의 인식에서는 오히려 단순하고 간결한 방식을 택하곤 했다.

5. 커뮤니티 기반 디자인 구현

지역 환경에도 어울리며 주민과 방문객도 만족할 수 있는 수준 높은 아우라의 창출이 필요하다는 점을 강조했다. 전통과 현대가 공존하고 보존과 재생 그리고 개발의 균형이 조화로우며 전문가의 결정과 시민들의 의사가 잘 반영되는 프로세스의 구축을 위해 고민했다는 점도 중요하다.

6. 전략적 요소의 도출

봉평중고의 흡인전략과 시시때때 전략, 명주초등학교의 침놓기 전법, 대구예술발전소의 Box & Net 개념, 감자꽃스튜디오의 우주선 전략, 중리초등학교의 오아시스 개념 등 참신하면서도 실용적인 실천 방안에 이름을 지어 개념의 이해를 도왔다.

7. 프로그램 도출의 합리성

직관적이고 즉흥적인 프로그램을 도출하기 위해 다양한 팩터를 유형화하고, 이 과정에서 최종 프로그램으로 도출될 수 있는, 타당성이나 근거를 제시하기에 알맞은 프로세스를 제시했다.

8. 참여와 소통을 위한 개방성과 기능의 혁신 및 확장과 통합

문화공간의 프로그램을 기획할 때 지역민들이 적극적으로 참여하고 개입할 수 있는 과정의 설계가 필요하다는 점을 강조했다. 전문가와 행정 그리고 시민들의 상호 호혜적이고 협조적인 관계를 위해서는 별도의 설득과 교육 과정을 병행하여 주민들이 단순한 수혜자가 아니라 필요한 요구를 제시하고 확인하며 그리고 능동적으로 반영할 수 있는 장치가 필요하다는 점을 중시했다. 또 문화공간은 고전적이고 단편적인 역할을 넘어서 창의적인 발상을 통해 새로운 기능으로 전환하고 부가적 역할도 강화해야 한다는 점을 강조했다. 이를 위해 복합적 기능과 전문성의 균형이 필요하며, 과감한 변신이나 필요하면 통폐합의 방법도 사용할 수 있다는 점을 염두에 두었다.

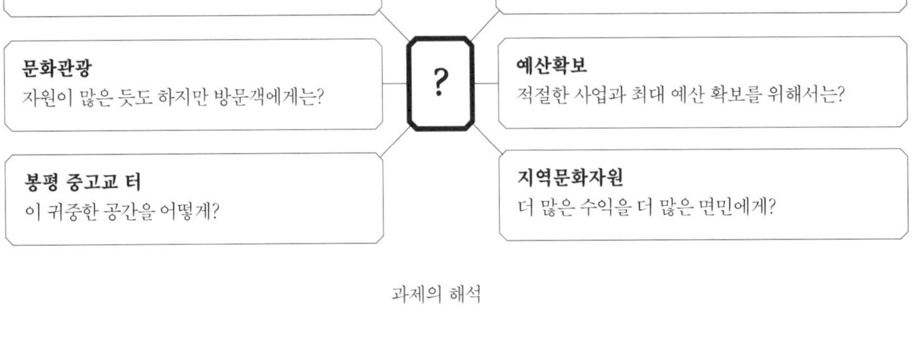

과제의 해석

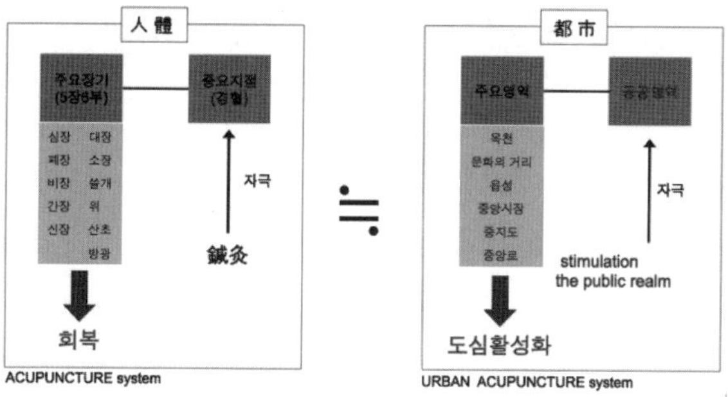

도시 침술법의 관점에서 본 도심활성화

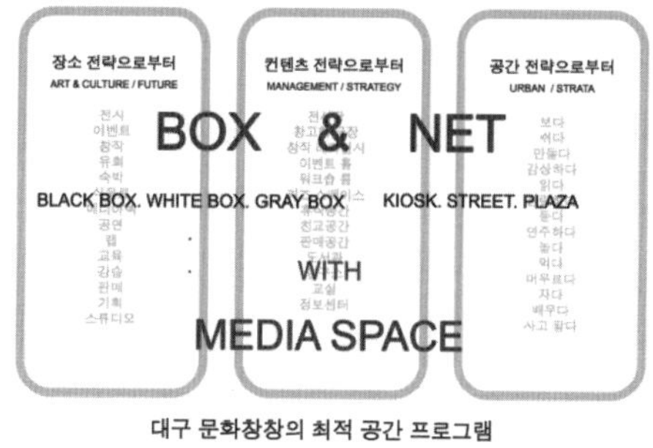

융합

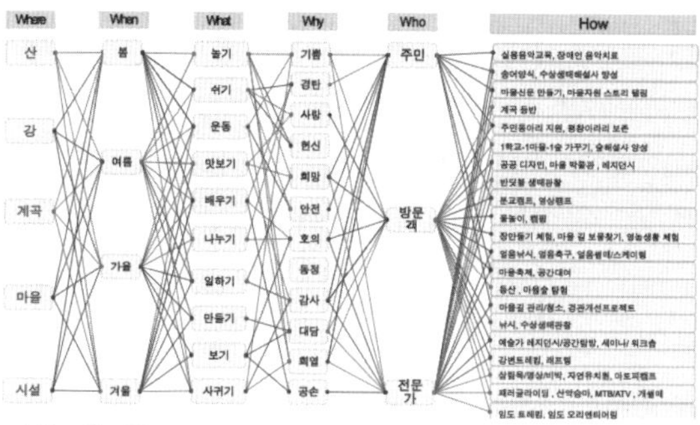

프로그램-도출

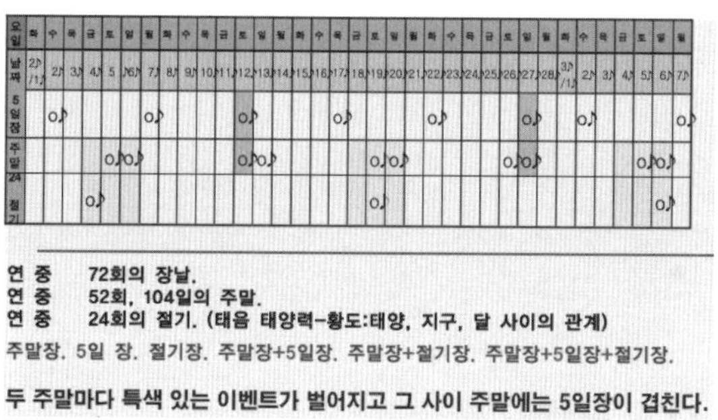

장+주말+24절기

9. 적절한 이벤트와 축제의 활용

일상에서 벗어나 시민들의 건강한 일탈을 유도하는 촉매로써 각종 이벤트 활용도 고려했다. 시민축제나 컨벤션 또는 다양한 성격의 행사를 활용하여 도시에 활력을 불어넣고 시민들의 통합과 자존감을 고취하는 이벤트의 기획의 필요성을 인식하고 이를 방문객이나 관광객을 지역으로 끌어들이는 요소로도 작용할 수 있는 방안에 대한 고민이 컸다.

10. 시설과 동선의 고려

조닝zoning과 위빙weaving의 속성을 고려한 시설 배치와 동선을 고민하여 보고 듣고 느끼는 체험과 걷고 쉬고 머무를 수 있는 행위 패턴의 조화를 잘 반영하고자 했다.

11. 지역 내 다양한 자원과 연계

지역 내 유무형의 다양한 자원을 파악하고 이들의 결합과 네트워킹을 통한 시너지 효과를 도모하며 도시 전반의 역사와 생태, 그리고 예술과 생활 등이 어우러지는 자원의 통합 활용을 통해 차별성을 제공하는 전략을 제시하기도 했다.

12. 주민공동체

문화공간은 주민들의 일상 속에 녹아들어 생활문화 공동체와 동아리 활동의 활성화 등 문화 활동의 일상화를 유도해야 하며, 문화예술교육을 적극 활용하여 창조계급을 양성하는 것이 중요하다는 점을 강조했다. 이는 설사 경제적 측면의 효과를 중시하는 공간이라 하더라도 지역 주민들의 참여를 전제해야 한다는 점을 강조한 것이다.

13. 인적자원의 유형과 역할에 따른 활용

문화공간을 중심으로 다양한 역할의 인적자원이 서식하면서 각자의 역할을 다할 수 있도록 공간을 활용해야 한다는 점을 강조했다. 서식지gentrification를 강조하며 문화적 욕구가 강한 원주민, 이주자, 근무자 등의 창조계급과 예술가, 전문가

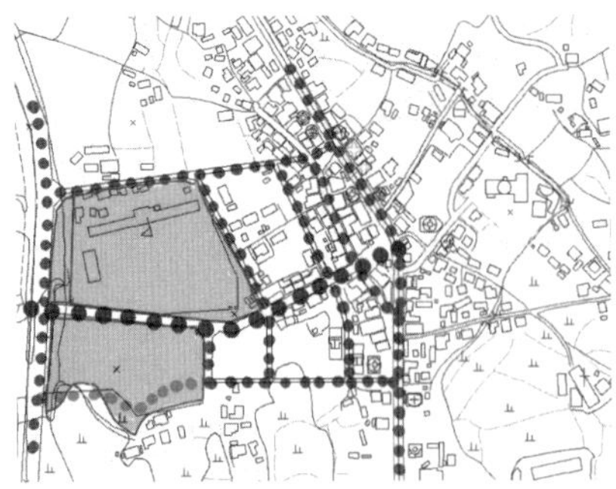

자동차 교통(접근성)

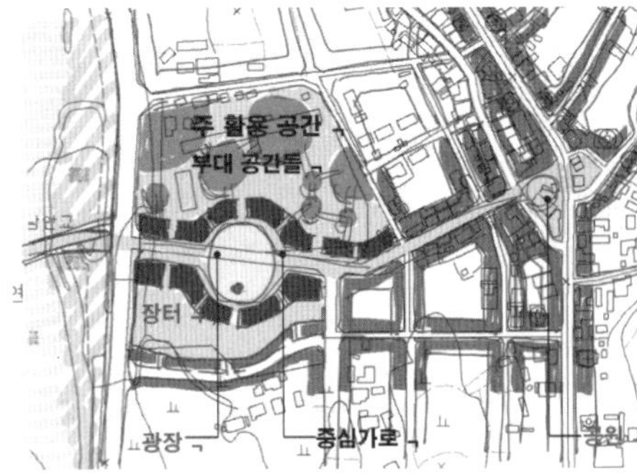

공간구성

들로 구성된 촉매자 그리고 관광객이나 방문객까지도 도시 문화공간 활성화의 주인공들로 보았다. 이들의 연대나 유기적 결합이 일반 시민사회에 영향을 미쳐 도시민 전반의 인적자원이 효과적으로 활용되어야 한다고 믿었다. 대구 연구에서는 이러한 인적자원을 유형화하여 실제 쓰이는 상황을 가정한 스토리텔링식 예측을 했다.

14. 지역산업과 마케팅을 위한 공간

그가 유달리 많이 강조한 것은 '지연地緣산업' 또는 마을의 '내발적 산업'이었다. 그리고 공간은 그와 같은 일에 긍정적인 영향을 주거나 기여를 해야 한다는 믿음이 있었다. 이는 대규모 제품생산 사업에서 기존의 영농이나 가내 수공업 수준의 가공업 그리고 최근에는 관광이나 MICEMeeting, Incentives, Convention, Exhibition적인 요소의 사업까지 고려하는 것이었다. petit conference의 특징을 살려 이른바 방문자의 유입요소와 지속가능성의 중요성을 강조했다. 특히 문화공간도 이제 지역의 산업이나 경제에도 도움이 되는 방향으로 기여할 수 있는 전략이 필요하다는 점을 강조했다. 장·단기적이든 직·간접적이든 문화가 당장의 수익을 창출하는 1차적인 도구는 아니지만 지역의 지연산업에 기여할 수 있는 방안을 모색하며 문화공간의 지역경제 유발효과의 성과측정 기준도 함께 수립되어야 한다는 점을 강조했다.

15. 스토리텔링의 적용

이종호와 함께 한 연구의 결과물은 다소 딱딱하거나 전문적일 수도 있는 내용이지만 그 시작과 끝을 이어주는 즐거운 스토리 구조를 가지고 있기도 했다. 이러한 스토리는 연구의 내용뿐만 아니라 특히 향후 그 공간이 실제로 쓰일 때를 가정한 상황이나 사용자의 활동에 구체적으로 제시되곤 했다. 특히 대구 연초제조창 연구에서의 사용자의 유형별 사용 예시는 그 시도나 내용 면에서 상상력과 함께 현실성도 함께 부여하는 것이었다.

16. 생태와 환경, 녹색성장 분야와의 연계

이종호는 이른바 생태건축이나 자연 소재의 활용에 집착하지는 않았던 것으로 기억한다. 그의 설계는 자연 환경에 거스르지는 않았으나 농촌이나 자연 속의 건물이기에 으레 그러해야 한다는 선입관을 깨려고 항상 시도했다. 그러나 결과적으로 지역의 환경성은 늘 존중돼야 한다는 인식이 있었으며 이는 오히려 덜 생태적이라 여기는 도심폐교에서 배려되곤 했다. 그리고 결과적으로 에너지를 절감하고 운영상 광열비의 부담을 줄이기 위한 공법을 고민했기에 그의 환경친화란 꼭 나무, 돌, 흙을 사용하는 것이라기보다 지역의 기후를 감안하여 에너지를 줄이고 환경의 제약을 극복하는 것이기도 했다.

17. 리스크의 제시

심지어 새로운 공간의 명명이나 재무 및 운영조직의 제시 그리고 향후 예상되는 리스크까지 대단히 현실적이고 현장지향적인 솔루션을 제시하여 대비할 수 있도록 했다. 긍정적인 상황 인식에서 나오는 상상력의 발휘가 자칫 비현실적인 계획으로 보이는 것을 보완하고 실제 현장에서 나올 수 있는 상황들을 풍부한 경험으로 먼저 제시하곤 했다.

즐거이,
딴딴한

결국 감자꽃스튜디오의 프로젝트든 다른 많은 지역의 프로젝트든 돌이켜 보면 이종호가 강조해 온 것은 시설도 아니고 디자인도 아니고 결국 그 안에서 일하고 살 사람들이었다. 그리고 공간에서 벌어질 행위 그 자체보다는 구체적인 도출 과정과 공간이 끊임없이 주고받을 영향과 이해 당사자들의 관계성에 놀라운 이해와 통찰력을 보여주었다. 연구나 설계 작업을 진행하며 이종호가 스스로에게 가장 많이 던졌던 질문은 거창한 비전이나 이상적인 건축적 구현이 아니라 공간이 지역에 어떤 영감을 주고 자부심을 줄 것이며 어떻게 그 안에서 사람들은 행복과 기쁨을 누릴 수 있는가 등의 소박한 것들이었다.

그러면서도 공간의 유지 보수와 관리 운영과 같은 현실적인 측면에도 이해가 깊었다. 운영자의 어려움과 한계, 그리고 지역의 상황과 행정 등을 충분히 고려했다. 이는 요즘 시쳇말로 말하는 자생력이나 지속가능성을 담보하기 위한 고민들이었다. 그러나 그것은 진취적인 의욕을 꺾거나 애초부터 제한을 두기 위한 것은 결코 아니었다. 오히려 확장성을 염두에 두고 여지를 많이 두며 향후 발전을 위한 것이었음이 분명하다. 또한 그의 스케치는 자극적이지 않고 밋밋할 때조차 있었지만 자연과 지역을 배려하면서도 혁신적인 시도에는 과감했다.

이종호가 대화에서 자주 사용하던 단어들 중 "즐거이"와 "딴딴한"이 특히 생각난다. 유연하고 창의적인 상상력을 발휘하되 치밀하고 현실적인 계획을 강조하는 표현들이었다. 한편 그는 깊은 인문학적 소양과 예술에 대한 안목을 바탕으로 냉철하고 정치한 공학자이자 지역과 주민의 문화성을 강조하는 훌륭한 기획자였다. 공간의 공공성을 중시하면서 시설로서의 효율성이나 자생력도 소홀히 하지 않았다. 그가 말한 재생은 단순한 복원이나 원형의 보존이 아닌 또 다른 창조를 뜻하는 것이었다. 지역과 공동체의 가치를 존중하지만 지역을 뛰어넘는 수준이 필요한 점 또한 강조했다. 이종호는 진정 기획자가 존경하는 기획자였던 것이다.

공동연구 용역 리스트

- 춘천 캠프페이지
- 광주 아시아문화중심도시 기본구상
- 창원 중리초등학교
- 강릉 명주초등학교
- 강릉 경포초등학교
- 평창 봉평중고
- 나주 도래마을
- 나주 백호문학관
- 대구 예술발전소
- 가평 NES
- 용산 국제업무지구
- 경주 쪽샘지구
- 단양, 청송, 나주의 양조장
- 고창 복분자산업발전
- 마로니에공원
- 서울건축학교
- 베니스비엔날레
- 진영 시민문화센터
- 차세대 KTX열차
- 가평 자라섬재즈센터
- 서울 메타빌딩
- 부여 한울림교육원
- 감자꽃마을 프로젝트

이선철

문화공간 〈감자꽃스튜디오〉 대표. 숙명여대 정책산업대학원 겸임교수이기도 하다. 연세대학교 사회학과와 영국 런던 시티대학교(예술경영)를 졸업했다. 김덕수패사물놀이 기획실장과 문화벤처기업 폴리미디어 대표 및 용인대학교 문화콘텐츠학과 교수를 지냈다. 이종호와 20여년간 교류하며 감자꽃스튜디오 리모델링 설계를 비롯, 수많은 연구/컨설팅 프로젝트에서 건축가와 기획자의 파트너로 작업해 왔다.

기업 업무공간의 창의성 제고

건축가 이종호의 공공연구 프로젝트

전수환 외

일상 공간의 창발적 변용

건축가 이종호의
공공연구 프로젝트 :
전수환 외

들어가며

<기업 업무공간의 창의성 제고 연구>는 문화체육관광부가 기획하고 한국예술종합학교 산학협력단이 주관한 '문화예술을 통한 기업창의학습지원사업(약칭 아르꼼 사업)'의 일환으로 2011년에 진행되었다. '아르꼼 사업'은 창조경제 시대 기업의 핵심역량 개발에 예술이 기여할 수 있는 가능성을 찾아본다는 문화정책 시범사업으로 기업 현장과 함께 하는 실행사업, 학교를 위한 교과목 개발, 관련 학계를 위한 연구사업 등이 추진되었다.

'일'

창발

변화조건

하위 구성 요소에는 없는 특성이나 행동이 상위 전체 구조에서 자발적으로 돌연히 출현하는 현상, 불시에 솟아나는 특성

창발의 전제 조건

"혼돈의 가장자리에서… 외부의 섭동이나 미시적 요동에 쉽게 반응하며 자기조직화가 이루어지며… 단절적 혁신 발생":
steven berlin johnson. 2001

혼돈의 가장자리 | 자기조직화 현상 | 복잡계 과학

'일터'

창발적 공간

도시-건축

'일'과 '일터'의 문제는
[조직구조와 공간구조의
상호 합의적 관계]

도시적 은유로서의 '일터' 란

각자의 '삶의 방식'을 일깨우는 곳
표류. 불확정성. 미로. 우연한 만남…

!

창발/도시-건축

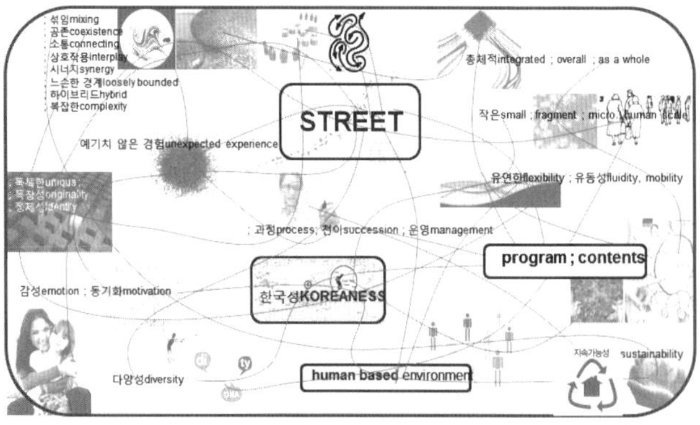

연구사업은 기업의 전략, 교육, 조직문화, 공간과 예술과의 파트너쉽을 구성하기 위해 관련 이론과 사례를 조사하는 것으로 진행되었다. 이종호는 기업공간과 예술의 관계를 조망하는 연구의 책임연구원으로 '창의성을 발현시키는 업무공간'을 화두로 기업 업무공간의 변화 추세를 검토하였으며, 검토 결과를 토대로 혁신적 업무공간의 지향점을 연구보고서에 제시했다.
이종호가 제시한 '기업에서의 창발적 공간'이란 그가 평생 탐구해온 도시건축론의 창발성과 밀접하게 연결되어 있다. 즉 '일터'로서의 기업공간에서의 창발은 조직 구성원들의 창발을 촉진시킴으로써 발생하는 것으로 결국 기업공간이 조직원들의 창발을 지원하는 조건들을 어떻게 제공할 것인가가 관건이 된다는 것이다. 결국 이종호가 평생 천착한 도시건축론이 기업공간 맥락으로 확장되었다고 할 수 있을 것이다.

본 연구와 관련한 이종호의 업적을 다음과 같이 소개하려고 한다. 먼저 아르꼼 사업 홈페이지에 정리된 연구보고서 요약본을 소개할 것이다. 이후 아르꼼 사업보고서 작성 시 아르꼼 연구원들과 나눈 인터뷰 내용을 공유할 것이다. 그리고 마지막으로 이종호 연구의 의미를 해석해 보고자 한다.

기업 업무공간의 창의성 제고 연구 요약

1. 연구의 구성

본 연구는 아래와 같은 순서와 방법으로 진행되었다.

- 현대적 기업 업무공간이 시작되는 기원에서 현재에 이르는 역사를 살핌
- 기업 업무공간에 요구되는 창의 및 혁신을 위한 여러 변화의 시도를 검토함
- 기업 공간이 궁극적으로 지향해야 하는 바를 도출
- 지향점에 부합하는 기업 업무공간의 조건을 추출하여 제시함

2. 기업 업무공간의 개념과 역사

근대 이전의 업무공간이란 제작의 부수적 업무를 수행하기 위해 제작 공간 내 뒤섞여 존재하던 공간이었다가 근대 초기에 이르러 제작의 규모가 확대되면서 제작 공간 내 일정 영역에 반독립적으로 자리를 잡기 시작했다. 근대 전성기 및 현대에 이르면서 현재와 같은 기업 업무공간의 형태를 갖추게 되었는데 이는 교통과 통신의 발달로 인해 가능한 결과였다. 현대적 기업 업무공간은 제작 공간에서 멀리 떨어져 소비지에 가까우면서 인력 조달이 용이하고 서비스가 집적된 곳에 독립적으로 위치한다.
현재 기업의 업무공간은 기업 측면과 기업 구성원 측면에서 아래와 같이 정의내릴 수 있다.

관점	정의
기업적 정의	· 기업 고유의 목적 달성을 위한 업무가 전개되는 장소 · 업무를 위한 정보의 집합, 처리, 전달이 일어나는 장소 · 점차 늘어나는 장비와 자료들로 채워지는 장소
구성원적 정의	· 근무일 하루 중 대부분의 시간을 보내는 장소 · 쾌적성, 편의성에 힘입어 지적 활동이 일어나는 장소 · 다른 구성원들과의 상호작용이 일어나는 작은 사회

시대별로 전개된 업무공간 양상을 좀 더 자세히 살펴보면 기업이 환경 변화에 적응하여 생산성을 증폭시키거나 위기를 극복하기 위해 업무 혁신을 도모하는 등 업무 속성 및 업무 조직의 근본적 변화가 발생할 때 기업 업무공간의 변화도 이루어졌음을 알 수 있다.
지금까지 업무공간의 혁신은 크게 근대형Modern, 효율형Taylorist, 조직대응형Smart Taylorist, 국제양식형International Corporate, 산포형Bürolandschaft, 다지형Branchtype, 유희형Casual의 여섯 단계로 나누어 볼 수 있다. 지난 흐름을 바탕으로 일곱 번째 변화를 예상해 보자면 점점 더 통제 불가능하고 광범위해지는 글로벌 경쟁과 소비자 세분화로 인해 창발형Emergence 업무공간의 필요성이 높아질 것으로 보인다. 이해를 돕기 위해 변화 요인에 따른 업무공간 유형의 변화를 다음과 같이 시기별로 정리할 수 있다.

변화 단계	시기	변화 요인		기타 조건
		업무 속성	업무 조직	
근대형 업무공간 Modern office	19C 말	제작 현장으로부터 독립된 업무	사무원-관리자	도시화, 교통과 통신의 발달
효율형 업무공간 Taylorist office	20C 초	단순, 반복 사무	사무원-중간 관리자- 관리자의 초기체계	업무 계량화 (Taylorism)
조직대응형 업무공간 Smart Taylorist office	20C 중반	연구, 개발 등의 업무	종적인 체계와 횡적인 체계 병행 조직	업무의 스마트한 분화
국제양식형 업무공간 International corporate office	2차대전 후- 현재	대형화, 국제화된 업무	대규모 조직	주주 자본주의 강화
산포형 업무공간 Bürolandschaft office	1960년대	다원적 결합이 필요한 업무	유기적 조직에 대한 관심	인지 심리학, 사민주의
다지형 업무공간 Branchtype office	1960년대 이후-현재	분산, 독립적인 업무	수평적 업무 조직	클러스터 형상의 분산과 결합
유희형 업무공간 Casual office	1990년대 이후-현재	개인적이며 자유로운 업무	느슨한 유대의 조직	창의성에 대한 관심
창발형 업무공간(예상) Emergence office	21C			

3. 현대 기업 업무공간의 현황

① 현대 사회에서 일터의 개념

21세기 '일터'의 변화는 사무 자동화와도 깊은 관계가 있지만 무엇보다 지식경영 패러다임의 변화와 유기적 관계가 있다. 그 중에서도 수평적, 상향식 패러다임으로의 변화가 두드러지며 이에 대한 대응으로 '산포형' 일터도 한때 등장했다. 산포형 업무공간은 격자 모양으로 구획되어 획일적으로 규격화된 업무공간으로 인해 의사소통 또한 규격화하는 문제점을 극복하기 위해 출현한 자발적 업무공간이다. 세계대전 후 합리성에 뿌리를 둔 파시즘의 상흔을 극복하기 위한 유럽 국가들의 시도들이 업무공간에까지 영향을 미친 경우로, 창의적이지만 효율성이 낮아 1960년대에 활용되다가 주춤하였고 최근 재조명 받는 추세이다.

산포형처럼 관계 지향적 공간이 재조명되는 이유는 21세기 지식경영 패러다임이 포디즘의 한계를 뛰어넘기 위해 개인과 집단이 가진 형식지와 암묵지**주1**가 서로 밀도 있게 교환되는 혁신적 공간을 필요로 하기 때문이다.

주1. 지식경영의 대가 노나카 이쿠지로는 지식을 존재 형태에 따라 형식지와 암묵지로 분류한다. 형식지(explicit knowledge)는 문서나 매뉴얼처럼 외부로 표출되어 여러 사람이 공유할 수 있는 지식으로 교과서, 비디오와 같이 어떤 형태로든 형상화된 지식을 칭한다. 암묵지(tacit knowledge)는 학습과 체험을 통해 개인에게 체화되어 있지만 명료하게 공식화 되거나 언어로 표현할 수 없는 지식으로 대개 시행착오와 같은 경험을 통해 체득한다.

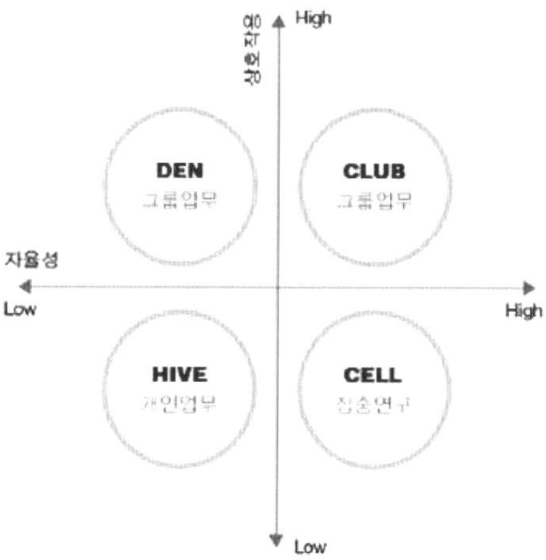

이러한 경향성을 Hive, Cell, Den, Club의 양상별로 나누어 살펴보면(F. Duffy, The new office Octopus, London, 1998), 직원들을 파편적으로 원자화한 기능 조직에 적합한 Hive나 Cell보다 Den이나 Club같은 형태가 점차 많아지는 추세를 보이고 있다. Den과 Club은 1인당 생산성이 높은 회사에서 채택하는 공간 형식으로 개인의 창의성을 최대한 끌어올리는 동시에 조직원들이 자연스럽게 오가며 교류가 발생해 생각이 전환 · 융합되는 것을 돕는다. 즉 창의력이 집단적으로 발생하고 조직될 수 있는 장소인 것이다.

② 국내 기업의 업무공간 최근 사례 조사 및 분석

본 연구는 이 같은 공간 경향성이 국내 기업들에도 영향을 미치고 있는지 알아보기 위해 국내 광고, 게임, IT 관련 10개 기업을 대상으로 사례를 조사했다(제일기획, 엘지애드, TBWA 코리아, 넥슨, NC소프트, 네오위즈, Ahn Lab, NHN, 다음커뮤니케이션, 구글 코리아).

엘지애드

TBWA 코리아

NC 소프트

다음커뮤니케이션

구글 코리아

제일기획

Den

빈번한 간섭이 일어날 수 있는 개방된 공간으로 다양한 규모의 사무실이 뒷받침됨. 자유로운 공간점유와 높은 상호작용이 발생함. 90년대 이후 방송국, 광고회사 등에서 채택. 최근 유럽의 <the-hub.net>, 한국에서는 <co-up> 등이 실험적으로 공간 운영 중.

<HUB LONDON WESTMINSTER주2>

Club

개인적인 동시에 협력적인 상호작용을 동시에 할 수 있는 공간. 독립적 개인공간과 업무와 휴식의 경계가 모호한 공간이 뒤섞여 불규칙적, 자율적 상호작용이 발생. 글로벌 인터넷 회사 등 고도의 지식 집적 서비스 분야에서 채택.

<구글/2007 Zurich/Camenzind Evolution>

주2. http://westminster.the-hub.net/space

Hive-open plan

벌집형의 사무실로 최소한의 칸막이로 구획된 일반적 업무공간. 위계적 조직에 어울리며 상호 작용이 낮게 발생함.

<드라마 MAD MEN의 한 장면>

Cell

개인적으로 집중할 수 있는 독립된 방과 외부에 개방된 업무 지원 파트로 형성된 구조임. 구성원 간 상호작용은 거의 발생하지 않음. 변호사, 회계사 등 지식 컨설팅 업무나 연구직에 일반적임.

<드라마 MAD MEN의 한 장면>

조사 결과, 국내에서도 캐주얼한(유희형) 공간을 다양하게 시도하는 것으로 파악되었으나 가구, 색채, 조명 시스템 등 감각적이고 시각적인 개선에 초점이 맞추어져 있었다. 창의적 활동을 발생시키는 공간은 표면을 아름답게 하는 것이 아닌, 소통과 행위에 집중한 동선 설계 및 다각적 사고를 촉진하는 비일상적 사건의 발생 요인을 지녀야 한다. 계획하지 않은 새로운 것이 생겨나려면 비워진 공간이 있어야 하는데 국내 기업 공간들은 대체로 공간의 활용이 빈틈없고 계획적이며 이동 통로가 반듯하게 구획되어 있어 구성원들이 자연스럽게 오가며 의사소통할 수 있는 확률이 낮은 편이다. 즉 국내 업무공간들은 외견상 과거의 업무공간에 비해 진전된 듯 보이지

만 일의 변화에 따른 일터의 변화에 대응하기보다는 기업 내외 이해관계자를 대상으로 시각적 환기와 친근감 형성을 목적하고 있다.

사옥을 중심으로 국내 사례를 살펴본 결과 시사할 만한 유형들이 나타나지 않아 보다 광의의 개념으로 영역을 넓혀 혁신적인 사례들을 다시 탐색하였다. 해당 사례들은 일반적으로 통용되는 물리적 업무공간을 초월한 스마트 공간이거나 기업 외 활동에서 발견되는 대안적 공간들이다. 이러한 사례들을 통해 일과 일터의 변화에 따른 미래 업무공간의 양상을 추측해볼 수 있다.

공간유형	적용사례	분석 내용
무 장소적 업무공간	Listen to the City	- SNS를 기반으로 하는 비영역적 업무(활동) - 아티스트 박은선을 선두로 다양한 작가, 건축가들이 프로젝트에 따라 결집되는 형태 - 이슈의 현장이 곧 활동 영역이 됨. 길, 광장 등 - 입무와 작업 그리고 사회적 표현의 경계 역시 넘나듦
Clouding 업무공간	KT olleh 비즈메카 그룹웨어, SK T-biz 그룹웨어 (biz MOB)	- clouding 시스템과 통신의 고도화에 따라 유목적인 업무환경 구축 가능 - 공간에 구애 받지 않는 정보의 저장, 소통으로 개인 작업 및 집단의 협업 또한 가능 - 이동하는 모든 곳이 활동 영역
폐쇄형 Smart 업무공간	KT smart work center, 행안부 SWC	- 기업 또는 조직 전용으로, 재택근무 및 이동 근무를 지원하기 위해 주요 거점에 워크센터 설치 - 근무지와 시간을 자유롭게 선택하여 업무 진행 - 업무의 관련성이 서로 없는 직원들과 함께 하기 때문에 다소 독립적인 업무 환경 필요
개방형 Smart 업무공간	TOZ bc, CNN the biz, 공간더하기, EAST4	- 불특정 다수 또는 집단의 이동 근무 또는 회의 등을 지원하기 위한 상업적 워크센터 - 비용을 지불하며 식음료 서비스도 가능 - 매우 독립적이며 상호 방해되지 않는 업무 환경 구축/CELL
네트워크형 업무공간	MORA, 테이크아웃 드로잉, Ggul & pool	- 최소 규모의 거점을 기반으로 도시 공간 내의 네트워크에 의한 업무 진행 - 각 장소의 도시적 특성과 유연하게 결합 - SNS, 블로그 등 웹 기반 활동/DEN & CLUB
장소집적 업무공간	파주 출판도시, 헤이리	- 집약적 장소 형성을 통한 유사, 동종 업무 진행 - 강력한 장소적 특성을 구축하여 이점 증대 - 공동의 인프라스트럭처 활용/DEN

4. 기업 업무공간과 창발

①창의성과 가로 공간

지식 집적 산업의 발달로 인해 업무의 유형들이 '일'과 '놀이'를 점차 분간하기 어려운 형태로 바뀌어 가고 있다. 이에 따라 일이 곧 놀이인 유희적 인간homo ludens **주3**의 창의적 활동을 촉진시키는 '일터'의 필요성도 높아져 가고 있다.

보통 기업의 생산성을 극대화하기 위해 고도의 '몰입'을 통한 창조성을 강조하는 경

주3. 호모 루덴스(homo ludens)는 놀기 좋아하는 인간, 유희의 인간을 뜻하는 용어로 인간의 본질을 유희라는 점에서 파악하는 인간관을 의미한다. 문화사를 연구한 호이징가가 창안하였다.

우가 많은데 몰입은 '소통'과 '우연'처럼 사고의 다각적 전환과 맞물리지 않으면 쉽게 사고의 폐쇄적 회로에 빠지게 만들 수 있다. 다양하고 수평적인 소통, 예상치 못했던 사건의 발생인 우연을 생성시키기 위해서는 오며 가며 만남이 교차하는 공간, 틈이 있는 공간, 사건이 있는 공간이 있어야 하며 계획된 업무의 사이사이 발생하는 이러한 비계획적 요소들을 통해 '창발'의 가능성이 생겨난다. 창발은 "개개의 구성원이 가지고 있지 않으므로 그것들이 상호 작용했을 때에 나타날 것으로 결코 예상하지도 못한 동작이 그야말로 창조적으로 발현되는 것"(John. L. Casti, 1997)이다. 창발의 작용이 활발한 대표적 공간으로 복잡한 대도시로 들 수 있는데, 이러한 대도시적 구성의 일부를 기업에도 적용해 볼 수 있을 것이다. 대도시에서 특히 중요한 요소는 '가로 공간'이다. 길과 건물들이 수평적으로 놓여있고 건물과 건물 사이를 가로에서 옮겨 다니는 중 친구나 지인을 뜻하지 않게 만나기도 하고 예상치 못한 이벤트에 맞닥뜨리기도 하면서 각종 정보를 무의식적으로 얻고 나누며 때때로 중요한 깨달음과 영감을 얻기도 한다. DEN과 CLUB 역시 이러한 가로 공간의 창발적 특성을 일부 소화해 내기 위한 공간이라고 볼 수 있다.

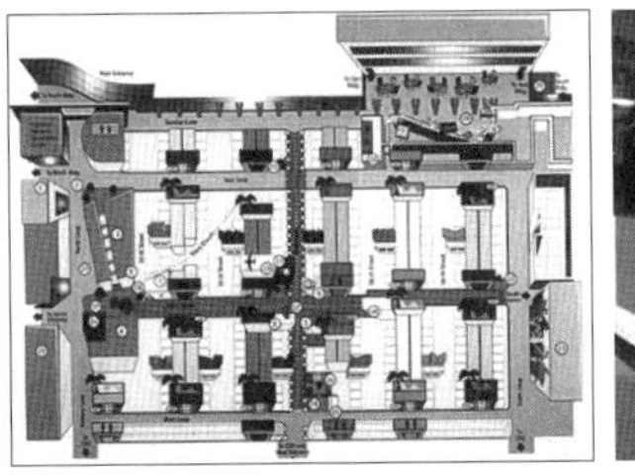
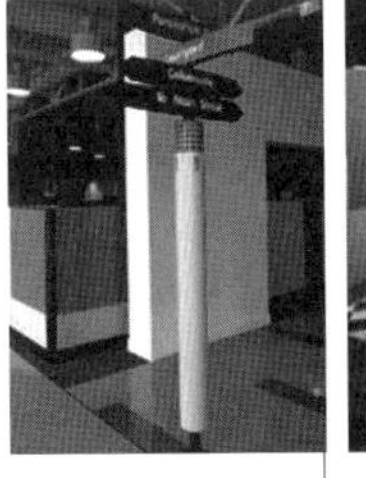

Nortel HQ, 1997. Brampton, Ontario/HOK

<창발형 업무공간 사례>

Nortel HQ(1997)

- 1997년 Nortel 사는 여러 곳에 흩어져 있던 사무, 회계, 관리, 개발 등의 업무공간을 통합하기로 결정하고 Brampton에 있는 Nortel의 옛 공장으로 집적함.
- 넓은 단일 공간을 하나의 도시로 간주하며 그 안에 가로, 광장, 닫힌 공간, 열린 공간, 서비스 공간 등을 마치 도시처럼 구성함.
- 구성원들 사이의 비공식적이며 우연한 만남들이 발생하여 기업 성과에 긍정적인 영향을 미쳤으며 특허 및 지적 재산가치가 유례없이 고평가됨.

② 가로 공간 속의 문화예술

가로 공간은 기업과 문화예술이 어떤 방식으로 만나야 좋을지 시사점을 주는 개념이기도 하다. 문화예술을 개인 업무에 직접 적용하는 것이 아니라 계획된 업무와 업무 사이에 영감을 주는 장치로서 배치할 수 있다. 도시의 일상과 연결지어 본다면, 목적지를 향해 도시를 지나다 '도서전'을 만나 접해보지 못했던 훌륭한 책을 보게 되고 여기서 아이디어를 얻은 후 다시 목적지로 발걸음을 옮기는 것과 비슷한 이치이다. 이렇게 사고를 유연하게 해주는 영향력을 발휘하면서 사람들을 끌어들이는 낯선 조우들을 '스트레인지 어트랙터'**주4**라는 개념에 빗대어 설명할 수 있을 것이다.

주4.
strange attractor. 어느 일정한 위상 공간 안에 갇혀 있으면서도 그것이 그리는 궤적은 자신이 지났던 길을 다시는 지나지 않도록 하는 끌개. 로렌츠 끌개라고 부른다. 위상 공간은 어느 순간 어떤 역학계가 가진 모든 정보가 하나의 점으로 나타나며, 만약 역학계에 약간의 변화가 생기면 그 계의 역사는 위상 공간에서 점이 움직여간 궤적으로 나타난다. 예를 들어 진자의 움직임에서 진자는 마찰에 의해 점차 에너지를 잃어버려 안정된 상태인 중심점을 향해 안쪽으로 감겨 들어간다. 이 중심점이 바로 진자의 궤도를 끌어들인다 하여 끌개라고 부른다. 그러나 유체 속의 난류와 같은 혼돈 현상의 끌개는 똑같은 양상을 반복하지 않으며 정지 상태에도 이르지 않는다. 이러한 끌개를 이상한 끌개라 한다.『광물자원용어사전』, 한국광물자원공사, 2010.

문화예술을 활용한 스트레인지 어트랙터의 설계는 업무공간 내 복잡하게 교차된 길과 항상 통과해야 하는 중앙 광장 등을 마련하고 이런 마주침의 공간에 예술가, 예술 행위, 문화예술 이벤트 등을 배치하여 조직 구성원 개개인의 창의력을 높이거나 흩어져 있는 개개인을 한데 모아 집단적으로 창의성을 발현하는 경험주5에 참여시키는 방식 등으로 구현할 수 있을 것이다.

주5. 많은 참가자들의 작품을 모아 대형 작품으로 완성하는 작업들이 예시가 될 수 있음.

기업이 창의력을 극대화하면서 동시에 기업의 생존을 위협하는 위험 요인을 통제할 수 있는 공간에 대한 논의는 완료되고 검증된 논의가 아니다. 그러므로 창의적 공간을 실체화하는 데 어떠한 가시적 조건들이 있어야 하는지는 앞으로 지속적으로 연구되어야 할 주제이다. 다만 본 연구를 통해 다음과 같은 시사점은 분명히 할 수 있을 것이다. 일의 속성과 방식이 급박하고 다양하게 변해가는 작금의 환경 속에서는 기존의 업무공간 구조를 유지한 채 인테리어 등의 표피적 교체를 통한 변화로는 충분치 않다. '공간 구조'는 '일하는 방식'과 '소통'을 직접적으로 제한하는 주요 요소로, 공간의 혁신을 도모한다는 것은 곧 일에 대한 깊은 이해를 전제로 한다는 점을 우선 고려해야 한다.

이종호와 아르꼼 연구진과의 인터뷰

Q 창의성은 세계적인 화두입니다. 건축가란 인간의 삶을 반영하고 조직하는 사람들이라고 하던데요. 그만큼 시대정신이랄까, 인간과 사회의 변화상에 대해 관심이 많으실 것 같습니다. 기업과 문화예술의 접점을 모색하는 이번 사업에서 어떻게 시대정신에 입각해 업무공간의 창의성을 연구하게 되셨는지 궁금합니다.

A 건축은 세상이 돌아가는 흐름과 무관치 않으며 밀접한 관계를 맺고 있습니다. 그렇기에 인간과 사회에 대해서 면밀히 관찰하고 그 변화되는 양상에 따라서 건축 또한 변화하고 바람직한 변화의 양상을 만드는 조건을 갖춰주기도 합니다.
예전에 런던과 덴마크의 업무공간을 실제로 돌아볼 기회가 있었습니다. 주주 자본주의에 기반을 둔 런던과 합의 자본주의로 운영되는 덴마크의 업무공간들은 확연한 차이를 보였습니다. 런던의 오피스는 효율적이고 관리가 용이한 공간을 추구하는데 반해, 덴마크의 오피스는 전 세계적으로 보편화된 영미권의 효율적인 업무공간에서는 찾아볼 수 없었던 인간과 일에 대한 인식의 차이에서 오는 남다름이 있었습니다. 예를 들어 책상의 높낮이가 매일 달라지는데 이는 개인의 상태와 기분, 업무의 성격에 따라 조절될 수 있다는 점에서 인간에 대한 이해와 일에 대한 인식의 기본자세가 다르다는 것을 알 수 있었습니다. 그래서 기업의 공간 역시 인간의 '일'과 '일터'의 개념에 대한 고찰에서부터 시작해야 한다고 생각했습니다.
특히 많은 기업들이 점점 복잡해지고 예측 불허한 환경 변화에 직면하여 단절적 혁신에 대한 욕구를 드러내고 있으며 이를 실현하기 위해서는 지식경영의 프레임을 바탕으로 조직원 개인의 몰입에서 비롯되는 창의성의 함양, 조직 안팎으로 맺어가는 관계의 폭넓음과 견고함의 추구, 기업의 업무공간과 지식과 같은 유무형의 자산

역시 창의적으로 설계되어야 함을 본 사업을 통해 알게 되었습니다. 이러한 개념 틀 안에서 기업 업무공간의 창의성을 고민하는 일이 개인적으로 흥미로웠으며 시대정신으로서도 연구되어야 할 지점이 아닌가 하는 생각이 들었습니다.

Q 요즘은 창의성이 중요한 키워드지만 예전에는 또 다른 요구가 있었을 텐데요. 과거부터 현재까지 시대·사회적인 요구와 그에 조응한 업무공간의 변천 과정을 말씀해주세요.

A 기업들이 업무공간을 조성하면서 '일'과 '일터'에 대해서 본격적으로 고민하기 시작한 것이 100년도 안 됩니다. 기업 업무공간의 역사를 되짚어보니 공간의 형태나 양식을 비롯한 양상에서 기업의 일과 일터에 대한 인식 수준을 가늠할 수 있었지요. 불과 10~20년 전까지만 해도 기업이 사무직 노동자white collar조차도 '효율'을 위해 통제하고 관리하는 대상으로만 인식하고 있었습니다. 제2차 세계대전 이후에는 합리성의 맹신에 대한 회의와 반성에서 비롯한 전후 유럽의 사회 민주주의의적 사고가 업무공간에까지 영향을 미쳤고 그 결과 <뉴 바빌론 프로젝트> 같이 인간의 속성을 호모 루덴스homo ludens, 즉 유희하는 인간으로 규정하고 일을 작업과 노동을 넘어 인간의 삶을 고양하는 유희로 보는 급진적인 건축까지 등장하기도 했지요. 이렇게 기업 업무공간의 추이를 보는 통찰을 갖게 된 것이 건축가인 저 자신에게도 큰 소득이었다고 생각합니다.

Q 최근 창의성을 발현시키는 업무공간으로 구글이나 NHN 등이 주목받고 있는데요. 창의적 업무공간을 디자인하는 기업은 어떤 특징이 있는지 말씀해주세요.

A 외국기업뿐 아니라 우리 기업들도 이제는 단순한 효율과 생산성을 추구하는 시대를 넘어서고 있는 것 같습니다. 그러나 이러한 인식으로부터 출발하여 무언가 시도를 하고 있는 기업들은 구글이나 NHN과 같이 주로 높은 생산성으로 많은 이윤을 창출하여 어느 정도 기업 공간의 창의성을 염두에 둘만한 여유가 있는 기업들입니다. 하지만 미래에는 역으로 시공간적으로 조직원의 창의성이 발현될 만한 틈과 가능성의 조건을 만들어주는 데에서 기업의 혁신과 성장, 혹은 지속가능성이 발현될 것이라고 봅니다. 여건이 되어서가 아니라, 창의성이 발현되는 여건을 만들기 위해 시도하는 기업들이 혼돈의 시대에 살아남을 돌파구를 마련할 수 있을 것으로 기대합니다.

Q 한국의 기업들이 시도하고 있는 새로운 공간 사례를 연구하셨는데요. 어떤 경향성이나 특징이 나타나고 있는지 설명을 부탁드립니다.

A 현재 포스코, 다음 커뮤니케이션, NHN, 구글코리아, 넥슨 등 다양한 기업들에서 시도하고 있는 기업 업무공간의 창의성 추구는 대부분 유희형 업무공간Casual Office을 표방하고 있는 것으로 보입니다. 그러나 대부분 겉만 아름답게 치장하고 장식하려는 데에 머무르고 있는 것 같습니다. 조직변화에 따른 주·부 공간의 재배

치가 아니라 부 공간의 팬시화, 다양화에 그치고 있는 상황입니다.
일부 기업의 사례는 표면적으로는 굉장히 감각적이지만, CEO나 리딩leading 그룹의 취향이 반영된 것이지 실제 업무의 성격이나 조직원의 요구가 반영되었다고 보기 힘들 것 같습니다. 또 건축적으로는 잘 만들어진 사옥이라도 조직원들이 업무를 창조적으로 수행할 수 있는 공간이라는 본래의 목적을 달성했는지는 의문이 있습니다.
이러한 한계는 어디에서 기인한 것일까요? 저는 공간을 만드는 주체와 과정에 그 방점이 있다고 봅니다. 아무리 창의성이 잘 발현되도록 세심히 설계한 공간이라도 그 공간을 만든 주체가 한 사람, 혹은 소수의 리딩 그룹이고 또 만드는 과정 자체에 조직원의 적극적인 참여가 없다면 무용지물입니다. 전체 공간의 5~10% 만이라도 실제로 직원들이 마음대로, 자발적으로, 자유롭게 구성하고 활용할 수 있도록 보장하여 조직원들이 피고용인의 태도로 수동적으로 일하는 현장에서 벗어날 수 있도록 하는 것이 관건이라고 생각합니다.
저만 해도 제가 피고용인으로 있을 때와 고용주로 있을 때의 차이가 상당합니다. 이렇듯 고용주와 피고용인의 간극을 극복하고 피고용인의 최대한의 자발성을 이끌어내기 위해서는 이들의 절대적 자유가 보장되어 다양한 실험이 일어나고 때로는 불평과 불만을 이야기할 수 있는 그런 틈새 공간이 필요한 것입니다.

Q 미래적 혹은 대안적 업무공간으로 '창발형 공간Space of Emergence'을 말씀하셨는데요, 창발, 창발형 공간의 개념과 이것이 미래적 또는 대안적 업무공간이라는 이유는 무엇일까요?

A 기업에서 창조 인재들이 각광을 받고 있는데, 굳이 '창발'이라는 용어를 쓰는 이유는 단순히 전에 없던 새로운 것을 만들어 내는 행위인 '창조'나, 창조의 가능성을 의미하는 '창의'와는 달리 '예기치 않게 솟아 나온다' 여기에 방점이 있는 것 같습니다. 공간으로 예를 들면, 2002년 월드컵 때의 광화문과 종로 일대의 붉은 악마의 응원 공간, 각종 촛불집회 공간 등 정부나 월드컵조직위원회 또는 시민단체 등과 같이 어떤 통제 기관에서 특정한 계획에 따라 조직한 것이 아니라 국민들 스스로가 인터넷과 방송매체, 주변과의 접촉 등을 통해 자발적으로 상호작용을 일으키며 만들어낸 공간을 창발적 공간으로 이야기할 수 있을 것 같습니다.
창의성을 근간으로 한 유무형 자산이 중요한 현대 기업에게는 창의성을 불러일으킬 수 있는 환경의 조성이 중요합니다. 이러한 창발성을 뒷받침할 수 있는 조건들이 혹시 시티 메타포City Metaphor, 즉 도시적 은유에 들어 있을지도 모르겠다는 생각을 했습니다. 인간이 만든 것 중 가장 복잡한 발명품은 '도시'인데, 현대 기업들이 맞닥뜨린 상황을 키워드로 놓고 보면 혼돈의 가장자리, 자기조직화 현상, 복잡계 등으로 표현할 수 있는데 이는 바로 도시적 건축, 건축적 도시의 현상이기도 하기 때문입니다. 그렇다면 기업은 어떤 종류의 도시를 메타포 할 것인가? 여기에 앞으로 진행될 공간적 과제의 중요한 핵심이 있을 것입니다. 아마도 '헤맬 수 있는', '결정이 덜 된', '미로 같은', '우연한 만남이 발생할 수 있는' 건축 내부의 질서들이 도시의 질서를 닮은 공간이야 말로 창발의 기본인 세렌디피티를 가능하게 할 것이라고 생각합니다.

Q 창발형 공간으로 제시하신 Nortel HQ의 사례에서 '가로 공간'에 특별히 주목하신 이유가 있을까요?

A 노텔은 아쉽게도 중국의 저가 경쟁에 밀려 2009년 파산 신청을 하게 되었습니다. 그렇다면 시티 메타포라는 창발의 조건을 가진 공간의 개념이 실패한 것일까? 저는 아니라고 생각합니다. 노텔의 파산 이후 약 6천 건의 특허가 경매에 나왔는데, 이중 2천 건의 특허는 애플로, 나머지는 마이크로소프트, 블랙베리 등으로 넘어가 활용되었습니다. 노텔에서 이렇게 우수한 지적 자산들이 대거 만들어진 데 있어 창발형 근무공간의 영향을 무시할 수 없다고 생각합니다.
저는 창발이 잘 일어날 수 있는 공간의 조건을 복잡함 속에서 구성원들 사이에 여러 차원의 비공식적 만남이 뜻하지 않게 일어날 수 있는 '도시'와 도시 내에서도 이러한 우연한 사건들이 가장 많이 발생하는 특히 가로 공간에서 찾을 수 있다고 봅니다. 가로 공간에는 기본적으로 다양한 사람들이 지나다닐 수밖에 없고 쇼윈도와 노점상, 버스커 등 다양한 사건과 이야기들이 발생합니다.
또한 가로 공간은 코리더corridor로 보느냐, 스트리트street로 보느냐에 큰 차이가 있습니다. 코리더는 공간과 공간을 연결하는 개념이며 스트리트는 그 자체가 고유의 공간으로 인정받는 개념입니다. 발터 벤야민이 지적했듯이 스트리트는 사람들의 목적 없는 산책이 일어나는, 다양한 가능성이 있는 공간입니다. 우리의 업무공간도 이 스트리트 개념으로 근본적으로 변화시킬 수 있다고 봅니다. 결재를 받기 위해 지나가는 길목에서 기발한 아이디어를 떠올리거나 동료를 만나거나 전혀 새로운 프로젝트를 꾸밀 수 있는 중요한 경험이나 사건이 탄생할 수 있습니다. 이러한 발상의 전환을 바탕으로 기업 업무공간의 구성을 달리해야 하는 것입니다.
다만 노텔의 사례에서 한 가지 아쉬운 점은 벤치마킹의 대상이 미국의 전형적인 중소도시의 가로 공간이었다는 점입니다. 직선의 교차 안에 획일적으로 구획된 공간은 중세 도시에서 볼 수 있는 오랜 세월에 걸쳐 자연 발생한 미로같은 길들이 만들어 내는 풍부한 느낌을 만들어 내지 못했습니다. 이 점이 한계라고 생각합니다.

Q 마지막으로 하우투how-to의 문제가 저희에게 남을 것 같습니다. 창의성을 발현시키는 업무공간을 원하는 기업이 중요하게 고려해야 할 사항은 무엇일까요? 또 자원이 부족한 중소기업이나 소규모 단체들이 시도할 수 있는 방법은 없을까요?

A 구체적인 하우투는 저도 잘 모르겠습니다. 아마 존재하지 않을지도 모릅니다. 오히려 성취해야 할 목표나 맞춰야 할 정답을 밝혀내는 것보다도 회사의 구성원들이 자율적으로 만들어 낼 수 있도록 여건을 갖춰주는 것이 필요하다고 생각합니다. 저희가 지금 있는 이 사무실의 4층도 미리 사용 주체나 성격을 규정하지 않고 자유롭게 내버려 두었더니 매번 새로운 주체들이 점유하여 다양한 일들을 벌여내는 흥미로운 공간으로 활용되고 있습니다.
기업들에게 드리고 싶은 한 마디는, 관리와 통제의 끈을 미련 없이 놓을 수 있는 공

중앙 집권적인 애플, 수평적 소통 공간인 페이스북… 사옥은 그 조직 문화를 고스란히 드러내

기업 조직 구조의 특징이 반영된 사옥

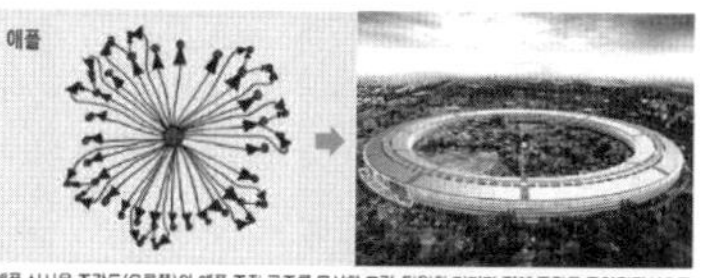

애플 신사옥 조감도(오른쪽)와 애플 조직 구조를 묘사한 그림. 탁월한 리더가 전체 조직을 중앙집권식으로 장악하는 특징을 사옥 계획에서도 엿볼 수 있다.

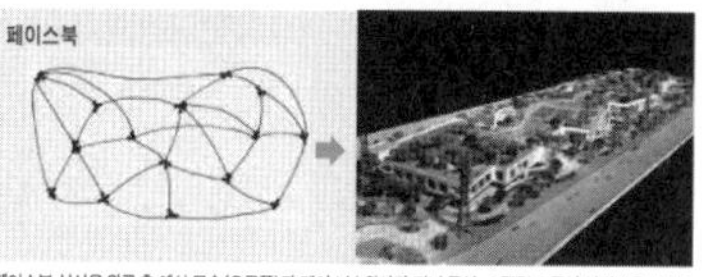

페이스북 신사옥 완공 후 예상 모습(오른쪽)과 페이스북 회사가 지닌 특성, 수평적 소통의 연결망을 요약한 그래픽. 사옥은 그 회사의 성격을 발현한다. 이종호 교수 제공(원작자 디자이너 마누 코넷)

이종호 한국예술종합학교 건축과 교수

"숲 속에 내려앉은 우주선"이라며 사람들이 부러워 마지않는 애플의 신사옥이 지어지고 있다. 그러나 만에 하나 오늘날 혁신의 상징 기업 애플이 앞으로 그 혁신의 지속에 실패하는 상황이 온다면 나는 아마도 그 이유를 바로 그 신사옥 때문이라 말하게 될 것이다.

왜냐하면 그 공간이 대단히 강력한 중앙집권적, 일원적 시스템으로 잡스가 지휘하던 시절 애플의 조직 문화를 고스란히 드러내고 있기 때문이다. 그 공간은 또한 창의적 업무 공간의 핵심이인 '우연한 만남'의 유발과는 거리가 멀다. 픽사 사옥 시절에 성공했던 잡스의 '중앙 홀'은 애플의 홍보와 달리 이곳 신사옥에서는 찾아지지 않는다(잡스가 픽사 사장 시절 지었던 픽사 사옥은 남녀 화장실 4개, 회의실 8개, 카페, 식당이 모두 거대한 중앙 로비에 몰려 있다. 직원들이 의도하지 않게 만나야 창의성이 배가된다는 생각에서였다).

오히려 다른 곳에 지어지고 있는 페이스 북 신사옥이 그 특성에 가깝다. 그곳에서는 개별 공간들의 경계가 모호하다. 쉽게 읽히는 전체 질서도 없다. 내부와 외부, 지상과 옥상도 그저 물 흐르듯 연결되고 있다. 요한 하위징어가 지적하는 것처럼 놀이하는 인간 '호모 루덴스'가 서식 가능한 다원적 공간을 보여주고 있다. 자유로운 상상력으로 문화를 이끄는 인간형들이 서로 부딪히며 예기치 않은 창의를 일으킬 듯한 공간이다.

신사옥을 통해 애플이 보여주는 사회가 내부 간, 내·외부 간에 에너지의 교환이 미미한 '닫힌 계(界)'를 닮았다면 페이스 북이 만들려 하는 사회는 그러한 에너지가 쉽게 들고 나는 '열린 계'의 모습을 닮으려 하고 있다. 에너지의 교환이 쉽게 일어난다는 것은 바로 창의의 발현, 즉 '창발(創發)'의 중요한 조건의 하나다. 임계점에 가까운 혼돈, 멈추지 않는 피드백이 그 나머지 조건들이다.

그와 같은 공간은 바로 도시를 닮은 공간이다. 그것도 잘 정돈된 신도시가 아니라 골목이 끊임없이 이어지는 오래된 도시 말이다. 모퉁이의 찻집을 돌면 불쑥 새로운 풍경이 이어지고, 열린 현관을 통해 누군가와 눈을 마주치게 되는 도시는 그 안에 다양한 이야기를 품고 또 거듭 만들어가는 호모 루덴스의 공간이다. 기업의 업무 공간이 대량생산 시대의 규율 잡힌 공간이 아니라 조금은 혼란스러운 옛 도시를 닮으려 하는 이유가 그것이다. 옛 픽사가 바로 그랬듯 오래된 공장을 개조하거나 여러 동의 건물로 타운을 만들려고 하는 이유 또한 거기에 있다.

한국인의 본성은 호모 루덴스를 가장 많이 닮았다고 한다. 그 넘치는 에너지를 한껏 발산시키고 창의를 듬뿍 발현시키며 기업의 경쟁력까지 만들어낼 수 있는, 우리의 본성에 가까운 업무 공간에 대해 한층 더 연구하고 또 만들어갈 때에 이르렀다.

출처 조선일보 weekly Biz, 2013. 12. 7.

간적·시간적 비율을 정하시고 실천하시라는 것입니다. 5%든 10%든 조직원의 절대적인 자유가 보장되는 시공간을 조금이나마 확보하고 소정의 예산을 투입한 후 인내심을 가지고 자신감과 조직원에 대한 신뢰를 바탕으로 기다리시라고 말씀드리고 싶습니다. 누군가는 신나게 새로운 일들을 벌일 것이고 누군가는 불평을 할 테지만 그 불평조차도 무관심으로 일관하던 누군가를 수동적 자세에서 끌어낸 것으로 볼 수 있기 때문에 의미가 있다고 할 수 있습니다. 그러면 기업은 물론이고 세상 전체가 즐거워질 것입니다.

나오며

이종호의 기업공간에 대한 창발적 문제제기는 기업의 창조경영에서의 공간의 중요성을 제고하는 의미 있는 연구였다. 더불어 창의적 기업 공간이란 공간의 겉모습을 그럴 듯하게 치장하는 것이 아니라 조직원들에게 창발이 발생할 수 있는 여분의 시간과 공간을 기업이 제공하는 것을 의미하는 것임을 설파한 것에 큰 의미가 있을 것이다.

이종호의 기업공간 연구는 이후 언론에서도 다시 조명되었을 뿐만 아니라 한예종 예술경영 수업의 중요한 참고문헌으로 활용되고 있다. 이처럼 기업공간을 포함한 일상공간을 창발적으로 변용하여 문화공간으로 전환시킬 수 있는 가능성을 유연하게 제시했던 고인의 빈자리가 너무 크다. 문화기획자들의 든든한 지원군을 잃은 슬픔과 아쉬움이 날이 갈수록 깊어진다.

"참 고마웠습니다. 이종호 교수님. 보고 싶습니다."

전수환, 이혜림, 김유진

전수환은 한국예술종합학교 예술경영 전공 교수로 재직 중이고 〈기업 업무공간의 창의성 제고 연구〉를 기획하였다. 이혜림은 한국예술종합학교 건축과 예술전문사를 졸업하였으며 이종호 교수와 함께 〈기업 업무공간의 창의성 제고 연구〉를 수행하였다. 김유진은 (유)별일사무소 기획이사로 〈공공연구출판〉을 위한 연구보고서 편집 및 원고 집필을 담당하였다.

건축가 이종호의 공공연구 프로젝트

전원도시 과천 비전 수립 연구

조명래

지속가능한 과천의 길라잡이, 이종호

건축가 이종호의
공공연구 프로젝트 :
조명래

과천 지속가능발전 특위 활동

2011년 과천시 의회에 지속가능발전 특위가 구성되었다. 진보적인 성향의 젊은 의원들이 주축이 되어 재건축 문제로 몸살을 앓던 과천의 지속가능한 미래를 찾아보려는 의도였다. 그러나 비전문가인 자신들의 노력만으로 안되었기 때문에 의원들은 처음부터 전문가들의 도움을 받기로 했고, 이에 필자가 주축이 된 전문가 그룹이 참여하게 되었다. 도시주택개발 분야 세종대 교수 변창흠, 도시설계 분야 서울시립대 교수 박철수, 건축 분야 한예종 교수 이종호, 환경생태 분야 협성대 교수 이상문 등이 함께했다. 시의원들과 두터운 친분을 가지고 있던 필자가 전문가 그룹의 대표를 맡았던 만큼, 참여 전문가들은 모두 나의 인맥에 있던 사람들이었다. 도시 · 건축 · 환경 분야의 다른 전문가들과 비교한다면 이들은 사회적 비판 및 참여의식이 다소 강한, 그래서 크게 보면 진보적인 성향으로 분류될 수 있었다. 이런 성향의 전문가들이 참여한 것은 의회의 특위를 이끌었던 젊은 의원들의 성향과 무관치 않았다.

이종호는 나의 부탁으로 이 그룹에 결합하게 되었다. 우리 두 사람의 인연은 정기용을 통해서 맺어졌다. 나와 정기용은 2000년대 초반 문화연대를 만들 때 공간환경위원회 공동위원장을 맡으면서 서로 오랫동안 같이 활동했다. 서울건축학교를 중심으로 정기용과 늘 함께했던 이종호는 정기용과 이런저런 일들을 같이하던 나와의 인연에 자연스럽게 닿게 되었다. 우리 두 사람은 특히 서울건축학교가 주관하는 워크숍, 스튜디오, 현장조사, 연구프로젝트 등을 통해 여러 일들을 같이했다. 이종호가 개인적으로 수행하던 프로젝트에 나 역시 여러 차례 참여했다. 우리가 마지막으로 같이했던 작업은 서울시에서 추진했던 '세운상가(군) 활성화' 프로젝트였다. 이종호가 운명하던 다음날, 우리는 박원순 시장을 모시고 세운상가 프로젝트에 관한 숙의(보고회)를 하도록 예정되어 있었다. 서울시 프로젝트에 바로 앞서 두 사람이 길게 같이했던 일이 바로 '과천 지속가능발전 특위'였다.

특위는 형식적으로 과천시 의원이 주축이 됐지만 실제 활동은 전문가 중심으로 이루어졌다. 2011년 초 첫 모임을 가진 뒤 의원들과 전문가들은 두 달에 한 번씩 만나(늦은 밤 혹은 주말) 정해진 주제에 따라 돌아가면서 발제하고 토론하는 방식으로 활동을 했다. 2011년 일년간 총 여섯 차례 모임을 통해 발제 및 토론, 시민 공청회 등을 가졌는데 그 내용은 아래와 같다.

<비전 특위의 2011년 활동: 6차례 발표 및 토론>

- **1차 모임**: 세종대 김수현 교수의 '과천의 도시 성격 및 과제' 발표 토론
- **2차 모임**: 한예종 이종호 교수의 '전원형 고층 건립', 서울시립대 박철수 교수의 '탈단지화', 협성대 이상문 교수의 '저탄소 생태화'에 관한 발표 및 토론
- **3차 모임**: 세종대 변창흠 교수의 '시나리오 워크숍 등을 통한 주민주도 과제 도출 방안' 발표 및 토론
- **4차 모임**: 단국대 조명래 교수의 중간 정리 발표 → 과천의 도시 성격 및 도시정비 방안의 쟁점과 과제, 향후 대안(적극적, 소극적) 제시
- **5차 모임**: '과천의 지속가능한 발전'에 관한 주민 공청회 실시(세종대 변창흠 교수, 한예종 이종호 교수, 서울시립대 박철수 교수, 협성대 이상문 교수, 단국대 조명래 교수의 주제발표) → 이상과 현실을 조화하는 구체 방안에 대한 주민 요구 제기
- **6차 모임**: '2차례 보금자리주택 관련 토론회' (단국대 조명래 교수, 세종대 변창흠 교수의 주제 발표) → 주민 간 찬반대립 분출

이듬해인 2012년에도 특위 활동은 계속됐다. 출범 당시부터 특위는 3년간 활동하기로 방침을 정했고 마지막 연도인 2013년엔 '과천의 지속가능발전 비전'을 결과물로 생산하고 시민들에게 보여준 뒤, 2014년 지방선거에서 그에 대한 평가를 받을 계획이었다. 이런 일정계획에 따라 2차년도인 2012년에는 2011년의 활동에서 도출된 과천의 지속가능발전 비전을 구체적인 모습으로 그려보는 것이었다. 그 실행 방법으로는 고비용의 외부 용역 방식 대신 젊은 대학생들의 재능기부로 '과천의 지속가능한 미래'를 그려보는 방식을 택했다. 이렇게 해서 채택된 게 공동 스튜디오 작업이었다. 주된 제안자는 이종호였다.

2011년 활동을 마무리하고, 2차년의 활동 과제를 고민할 때, 참여 전문가들은 추상적 논의만 계속하기보다 주민들이 체감할 수 있는 구체적인 그림을 그려보는 것이 더 생산적이라는 데 의견을 모았다. 이렇게 해서 2012년 한 해 동안은 스튜디오를 꾸려보기로 했고, 그 구체적인 방식을 이종호에게 일임하기로 했다. 이 같은 작업 방식에 대해서는 기실 전문가보다 시의회 의원들이 더 적극적이었다. 이종호의 혁

신적인 아이디어를 좋아했던 이들은 스튜디오 작업을 통해 뭔가 손에 잡히는 결과를 만들어낼 것을 기대했던 것이다.

스튜디오는 이종호가 직접 나서서 구성하게 되는데 그 방식이 전례 없을 정도로 파격적이었다. 수도권 소재 대학 중 도시·조경·건축 관련 학과가 있는 대학의 아는 교수들과 일일이 접촉해 공동 스튜디오 운영을 제안했다. 이종호는 결국 11개 대학의 관련 학과에서 정규과목으로 '과천의 지속가능한 발전 비전'을 주제로 하는 스튜디오를 운영하겠다는 동의를 이끌어냈다.

2012년 상반기 동안 수도권 소재 대학의 200여 명 교수와 학생(학부생+대학원생)들이 참여하는 11개의 '과천 스튜디오'가 이렇게 해서 동시에 개설되었다. 금전적으로 치면 스튜디오 당 많게는 수억 원이 지원되어야 가능했던 일이었지만 참여대학의 교수들은 '과천 스튜디오'를 순수하게 자발적으로 꾸렸다.**주1** 덕분에 과천시(혹은 의회)는 수십억 원이 소요될 용역을 발주하지 않고도 일군의 대학교수와 대학생들의 도움으로 '지속가능한 과천'을 디자인해 볼 수 있었다. 이러한 유의 집단 스튜디오 작업은 대한민국에서 처음으로 시도된 것으로 평가받았는데 그 가능성은 전적으로 이종호의 노력에 의한 것이었다.

주1.
과천시 의회에서 스튜디오당 실경비 개념의 200만 원 지원만 있었다.

공동 스튜디오를 꾸리기에 앞서 그는 참여 교수들과 수많은 접촉과 모임을 가졌다. 그리고 후배인 성균관대학교 신승수를 코디네이터coordinator로 채용해 실무적인 관리를 모두 맡기고 본인은 일종의 총감독 역할을 수행했다. 하지만 실제의 작업과정은 모두 그의 입김으로 진행되었다. 중간발표, 최종발표, 전시, 평가토론, 책자 발간 등에 이종호의 손길이 미치지 않는 곳이 없었다. 3차년도(2013년)에는 그동안의 활동을 바탕으로 과천의 지속가능발전 비전과 과제를 정리하도록 했는데 이 모두는 책 출간과 종합토론회(2014년 초) 개최로 마무리되었다.

특위 활동의 정리:
'과천의 정체성과 발전 비전'

2014년 특위 활동을 마무리하면서 개최된 심포지움에서는 두 편의 글이 발표되었다. 하나는 연구책임자로서 필자의 「지속가능한 과천의 비전과 개발 과제」(그간 공동연구의 종합정리)고, 다른 하나는 스튜디오 코디네이터를 했던 신승수의 「과천의 도시공간, 어떻게 만들어 갈 것인가」였다. 두 편 모두 '과천의 지속가능한 발전'에 관한 문제점과 대안을 다루고 있지만 핵심 내용은 이종호가 제안한 키워드에 크게 의존했다. 아래에서는 두 편 중 공동연구의 종합정리에 해당한 필자의 주요 발제 내용을 소개하고, 다음 장에서는 과천 작업에 남긴 이종호의 족적을 정리해 보겠다.

1.과천의 문제주2

주2.
이하 내용은 2014년 초 과천시 의회가 개최한 심포지움에서 발표된 필자의 「지속가능한 과천의 비전과 개발 과제」에서 발췌한 것이다.

①도시 정체성

- 첫째, 과천은 '전원도시'란 이미지를 가지고 있고 또한 이를 과천의 도시적 정체성으로 여기고 있음.
- 이러한 정체성의 물적 토대는 견고하지 못함. 즉 과천을 만들 때 '녹색지도에 선

긋기' 방식으로 도시가 조성되었을 뿐 '전원도시의 이상을 담을 주체도 장치도 방안도 과정도 없었음.

- 뿐만 아니라 주민들은 과천을 '유사강남'으로 인지하고 있는데, 이는 '부동산 황족의 도시'로 과천이란 특성을 반영하는 것임.
- 이는 과천에 몰아친 재건축 열풍의 한 여파로 갖게 된 정체의식으로 부동산 시장의 장기불황이나 청사 이전으로 인한 도시미래 전망의 불투명 등을 직면하면서부터는 다소 바뀌고 있는 것으로 보임.
- 스튜디오작업, 토론회, 좌담회 등을 통해 확인된 과천의 변함없는 정체성은 '저밀도, 적정규모의 쾌적한 전원도시'. 많은 해석과 의견이 있었지만 전원도시는 과천의 대표적인 브랜드 이미지이자 정체성이라 할 수 있음.

②도시 구성

- 과천은 1970년대의 도시 지식으로 조성된 계획적 신도시로서 특징과 한계를 가지고 있음.
- 아파트란 공동주택을 집단화하는 단지조성 방식으로 건설된 전형적인 집합주택으로서 오래된 도시의 공간문화를 가지지 못함. 즉 오래된 삶이 만들어내는 공간적 껍질로서 마을, 장터, 골목길, 가로 등이 부재함.
- 단지로 구획되고 분절됨으로써(단지에 갇힌 채), 도시 전체가 하나로 소통하고 응집하는 공간작동 방식을 가지고 있지 못함. 즉 도시적 일상 활동, 도시가로, 도시의 공공 공간 등이 하나의 유기적 네트워크를 이루고 있지 못함.
- 도시의 형태(공간구조) 자체가 남북 교통축을 따라 구축된 결과, 도시 전체가 하나의 지역 간 연결축으로 기능하면서 도시의 내부 응집성을 더욱 약하게 만들고 있음.
- 남북축을 따라 도시 전체의 토지이용이 3등분화되는 형상을 보임으로써 과천의 공간적 분절과 파편화는 더욱 굳어질 전망. (1)북부지역은 경마장, 미술관, 과학관, 화훼단지, 복합문화시설(대규모 쇼핑센터), 기무사 등 서로 이질적이면서 과천과는 도시적 연관성이 없는 외부시설의 조차지로 남아 있음. (2)중부지역(11개 단지로 구성된 원原 과천)은 정부청사의 조차지이자 세입자의 조차지(주거병영지)였지만, 청사 이전으로 도시 성격의 전환을 맞고 있음. (3)남부지역은 그린벨트로 남아있었고 과학정보단지로 계획되었다가 지금은 보금자리지구로 조성 중이지만 사업의 장기표류가 예상됨.
- 과천은 전원도시라 하기에 도심부 내의 이용가능한·접근가능한 녹지는 상대적으로 부족하고, 하천이 단절되고 사라져 주변(관악산, 청계산)의 광역녹지와 이어지지 못하고 있으며, 고층화 추세로 경관 조망마저 위협을 받고 있음.

③도시개발의 비전

- 과천은 청사도시, 즉 행정도시였지만 정부청사의 세종시 이전(6개 부처 4개 기관의 5천 명 이전)으로 인구 감소(약 6%), 상권 위축(상가 공실률 8.3%), 주택가격 하락(2011년 대비 8.4% 하락) 등으로 공동화 문제가 심각하게 인식되고 있음.
- 지역공동화를 해결하기 위해 복합문화관광단지 조성, 화훼종합센터 조성, 지식정보타운 조성 등 3대 핵심 프로젝트의 추진에 주력하고 있지만 극심한 경기침체

등으로 지지부진한 상태 속에서 과천의 개발비전은 더욱 불투명해지고 있음.

- 청사 이전이 예고되면서부터 과천의 대안개발 비전이 모색되었음. 그동안 제시된 개발비전으로는 첨단기업도시(의회설문조사), 교육과학연구중심도시(경기개발연구원)가 대표적임. 이러한 개발비전은 주로 청사부지를 어떻게 재활용하느냐를 중심으로 한 것으로 과천 도시 전체를 대상으로 하기에 불충분함. 예상과 달리 새로운 정부기관들이 청사부지를 계속 사용한다면 과천의 (청사 중심) 개발비전은 근본적으로 새롭게 고민되어야 함.
- 도시의 개발비전과 달리 과천의 미래는 실제 재건축 문제와 연관되어 있음. '부동산 황족'의 도시 과천 주민 62.8%는 재건축을 희망하고 있음(과천마을신문). 대개 15층 정도를 선호하는 것(과천마을신문 조사에 의하면 10.7%가 25층 이상, 43.2%가 15층 이하 선호)으로, 실제 추진되면 이미 재건축된 10단지나 3단지의 모습이 될 개연성이 높음(상을 받은 10단지에 대한 만족도가 높은 것으로 조사되고 있음). 따라서 10단지, 3단지를 보면 과천의 미래가 보인다고 할 수 있음.
- 청사부지가 공공기관에 의해 재사용되고 조차지의 개발 전망이 불투명하며 개발되더라도 과천과 무관하다면 과천의 개발미래는 결국 (사업성 하나에 맞춘) '10단지 재건축'의 모습이 될 것임. 그렇다고 이런 과천의 미래가 인근의 주거지역과 비교하여 딱히 뭔가 잘못되었다고 할 수 없음.
- 최근의 여러 정황이나 예측 가능한 과천의 현실적 미래를 감안할 때 과천의 개발미래는 '조차지로 에워싸인' 3등분화된 (초)고층 단지형 전원도시'일 것임. 지금과 비교한다면 재건축 시 문화복지시설을 더 넣고 인공녹지를 더 늘리며 상가시설이 더 많아지며 도시경관시설이 더 확충되는 정도가 될 것 같음. 세대구성은 지금의 세입자 중심을 크게 벗어나지 못할 것으로 보임. 과천의 중심부는 사업성이 있으면 상업지역 재개발 방식으로 일정한 변화를 겪을 것으로 보이지만 그렇다고 획기적인 도시 재구조화 혹은 도시재생 수준까지는 되지 않을 것으로 보임.
- 과천의 이러한 개발미래가 과연 지속가능한 발전의 모습·상태라 할 수 있을까?

2.지속가능도시(비전)의 조건

①과천의 지속가능성은?

- 과천다움의 정체성이 최대한 유지되어야 함.
- 도시개발의 현재 상태 유지가 아니라 현재의 문제가 극복된 상태로의 도시발전이 되어야 함.
- 시장 흐름에 맡기는 게 아니라 계획적 규범과 절차를 통해 합의된 도시의 이상이 구현되어야 함.
- 주택의 논리를 넘어 도시의 논리가 우선하는 도시개발이 되어야 함.
- 물리적 시설이나 하드웨어만 아니라 주민들의 일상관계/제도가 공동체적인 것(사회적 도시)으로 발전되어야 함.
- 녹지체계나 수체계 등이 복원되어 생태순환이 이루어져야 함.

②과천의 지속가능도시 도시비전은?

- 전원도시로서 매력적인 도시
- 단지의 해체를 넘어 네트워크로 엮어진 도시
- 소통하고 순환하는 도시
- 오래된 신도시(골목길, 동네, 시장, 거리, 광장이 있는 신도시)
- 분절을 넘어 통합하는 도시
- 공동체 도시, 조합도시, 공화도시
- 관리 가능한 생태순환 도시

3.과천의 지속가능한 개발 과제

①매력적인 전원도시로서 정체성 유지

- '교육과학연구중심도시', '기업도시' 등 도시비전이 제시되었지만 대개 산업경제와 민간자본 중심이어서 현실경제나 시장 상황에 크게 영향을 받아 지속가능한 도시비전 혹은 도시상이 되기 힘듦.
- 따라서 과천만이 가지고 있고 그러면서 소득 3만 불, 4만 불 시대에 가면 더욱 소중한 것으로 인지될 수 있는 과천다움을 찾는다면, 그것은 과천이 한국의 대표적인 '계획적으로 조성된 전원도시'란 점. 서울 근교(혹은 사실상 일부)이면서 관악산과 청계산으로 둘러싸인 천혜의 입지 여건을 감안하면, 과천은 더욱 매력적인 '전원도시'로 정체성이 유지되고 그것이 도시의 개발비전이 되어야 함(예로 고밀 전원도시, 첨단 전원도시 등).
- 그러나 인위적인 도시비전의 설정은 '슬로건'에 불과함으로 구체적인 도시정비사업을 통해 정체성을 구현하는 실천 전략이 필요함.

②조차지와 도심 공간조직과의 관계 설정

- 조차지의 과다로 도시의 자기 완결성이 부족한 만큼 조차 공간 · 시설 등을 기존 도시공간조직과 어떻게 연결시키느냐는 과천의 도시공간 틀을 재편하는 데 핵심.
- 북쪽 조차지의 경우 과천 중심부와 연결하기 위해서는 루프형 순환도로망의 구축이 필요하고, 청사부지의 경우는 중앙정부와의 지속적 협상으로 콤플렉스화를 통해 과천 일상공간조직과 연결시키는 전략이 필요.
- 청사부지에는 현재 수도권의 잔존 정부기관이 들어오고 있지만, 타지로의 재이전 가능성이 높기 때문에 장기적으로 대학을 유치하여 도심을 '캠퍼스 도시'화하는 대안의 검토 필요.
- 장기적으로 3등분화될 과천의 공간구조를 어떻게 통합적, 순환적 구조로 만들어 갈지가 과천 도시의 공간적 지속가능성을 좌우할 것으로 보임.

- 크게 보면, 북부 조차지역과 중남부지역(기존 시가지와 지식정보타운)을 각각 자립 순환적 구조로 조성하되 이 두 개의 공간적 링을 연결하고 통합하며 소통하는 방식으로 과천의 전체 공간구조를 장기적으로 재구성할 필요가 있음(자세한 것은 아래 박스 참조).

<통합형 도시로의 재편과 중앙연결지대의 조성: 방사순환형 도시>

- 북부·중부·남부 도시의 구획과 연결: 지역 내부순환망 구성, 지역 간 완충녹지 등 설치, 개별지역을 연결하는 순환루프 조성
- 북부지역과 중남부 지역 중간에 연결지대 조성
  · 두 개의 링Ring 도시, 나비형 도시로 재구성
  · 중간연결지대(약 10만-20만 평)의 조성: 기존 주거지와 청사부지의 빅딜로 조성 가능성 검토
  · 중간연결지대의 남북축을 구성하는 중앙천의 복원
  · 중앙천을 따라 양안에 광장, 공원, 오픈마켓, 상가거리, 공공문화시설 등의 집중 배치→과천의 공공영역the space of public sphere 및 중심부화
- 개발 과제: 북부는 과천의 도시기능체계 내로 끌어들이기, 중남부는 사람중심도시 만들기

③단지의 해체와 도시공간의 재조직화

- 과천이 미래도시로 거듭나기 위해서는 '모던도시 공간구획 방식', 즉 단지로 조성되어 분절되고 갇힌 도시공간구조(근대도시공간의 전형)를 어떻게 해체하면서 대안공간으로 전환시켜 갈 수 있느냐의 문제가 현실적으로 풀려야 함.
- 단지의 해체는 단지의 닫힌 경계를 지우고 단지에 갇힌 건축물, 도로, 주거활동이 개별단지를 넘어 '이어지고 연결되도록 하는 방식'으로 단지공간의 재조직을 이루어야 함.
- 이를 위해서는 단지로 구성된 과천 도시 전체(특히 기존 시가지)의 공간을 몇 개의 권역으로 나누고 나아가 권역을 연결하는 다양한 도로·가로망을 조성하며 선을 따라서는 광장, 시장, 공원, 상점, 학교, 주거지 등을 배치시켜 주민들의 활동이 연결되고 소통되도록 해야 함. 권역 중간에 지역 중심(커뮤니티) 공간을 조성하고 그 주변에 공동체 시설을 배치해 지역별 생활권이 형성되도록 해야 함. 주거와 상업의 엄격한 분리보다는 혼합을 허용하고 중심부는 고층, 주변부는 저층을 배치하는 방식으로 높이경관을 유도하며 고층의 저층부는 공공기능을 배치하되 가로활성화를 위한 용도가 허용되도록 해야 함. 주요 도로는 테마가 있는 도로로 조성하며, 공공보행 통로를 다양하게 구성해 보행으로 어디 곳에서나 접근이 가능하도록 해야 함.
- 개별 단지를 어떻게 해체하고, 인접 단지와 어떻게 연속·연결을 이루게 하며, 도시 전체 공간 속에서 어떻게 다른 장소와 유기적으로 결합·소통시킬 것이냐는 별도의 심층 연구를 통해 그려져야 함. 특히 단지 해체·연결은 단지별 재건축 논의와 함께 진행되어야 함.

④고밀 전원형 재건축

- 전원도시의 규범성과 주민들의 기대·경제성을 동시에 수용할 수 있는 방안으로

'고밀 전원도시형 재건축'이 주로 제시되었음.

- 전원도시 과천에서 '고밀 전원형 재건축'은 우선 기존의 3단지, 10단지식 재건축(사업성 우선, 판박이식 재건축)의 지양을 전제로 함.
- 고밀은 현재의 주거 면적을 늘리는 측면과 공급(분양) 면적을 늘리는 두 가지 측면을 동시에 충족하기 위한 방안. 일대일 재건축을 전제로 하더라도 아파트 공간의 협소함이 일정하게 극복되기 위해서는 고밀은 불가피함. 그러나 고밀이 과천의 전원 도시성을 훼손(고층 고밀로 인한 경관 파괴, 인구집중 등으로 주거 쾌적성 약화, 녹지공간의 훼손 등)하는 것이 되어선 아니 됨.
- 또한 고밀에 대한 배려는 높이·용적률보다 바닥면적·건폐율을 늘리는 방식으로 재건축이 이루어져야 함을 전제하는 것임. 건폐율, 즉 건축면적(인공지반)이 늘어남으로써 자연지반이 줄어드는 문제는 건축물의 녹색화 등을 통해 보완되어야 함.
- 따라서 고밀 전원형 재건축은 크게 두 가지 방식으로 구현됨. 하나는 기존 아파트를 수직·수평 증축을 통해 확보하는 방안이고 다른 하나는 테라스형, 타운형 등 건축형태·공간을 다양하게 연출하여 재건축하는 것임. 전자는 현행법으로 가능하게 되었으니 적극 검토할 필요가 있고, 후자는 특별건축구역제도 등을 활용해 각종 규제완화 등을 통해 추진할 수 있는데 이 경우 건축비가 다소 높다는 문제가 있음. 하지만 이도 재건축 관련 융자제도를 활용해(새로운 제도화 포함) 해결하면 될 것임.
- 그러나 (1)저층·저밀, 고층·고밀을 어디에 어떻게 떨어뜨리고 이를 생산·소비시설, 공공시설, 주요 개발지(청사부지, 지식정보타운, 복합문화관광단지) 등과 어떻게 연결시켜야 할지 (2)탈단지화된 건축물의 높이, 용적률, 연결, 그리고 층간 기능 배치(예로 저층부 공공시설, 중고층부 주거시설 등)를 어떻게 해야 할지 (3)특히 해체된 단지를 대체할 개발공간의 단위 혹은 블록을 어떻게 형태화하고 배치시킬지 (4)단독주택 단지를 어떻게 재생(정비)할지 등은 별도의 심층 연구·논의가 계속되어야 함.

⑤과천형 '저탄소 녹색 도시화'

- 녹지축 연결, 수계 복원(특히 중앙천 복원), 녹색단지의 조성, 바람길 조성, 탄소배출의 실시간 관리, 저탄소 안정화 기반 조성 등을 위한 과천 맞춤형 고도 디자인 전략이 필요함.
- 특히 관악산, 청계산 등 우수한 생태녹지자원이 가까이 있기 때문에 기성 시가지의 고밀화(집약적 개발)는 다소 허용될 수 있는 여지도 있음.
- 그러나 구체적으로 과천이란 도시에 이 하나하나를 어떻게 실현해낼지 특히 재건축과 재개발에 어떻게 녹아내야 할지에 대한 논의는 불충분했기에 향후 별도의 과제를 통해 이에 대한 전략과 추진방안 등이 논의되고 모색되어야 함.

⑥'지식정보화 타운과 보금자리주택(지)' 건설 문제

- 고밀의 보금자리주택지 조성계획안을 둘러싸고 지역사회 내에 첨예한 갈등이 분출되었음.
- 반대 측은 장기적인 밑그림 없는 고밀의 보금자리주택단지 조성은 도시공간구조

의 왜곡, 재건축 사업의 왜곡을 초래한다고 주장하는 반면 찬성 측은 그동안 실현되지 못한 개발의 꿈을 실현할 절호의 기회라고 주장. 과천이 가지고 있는 복합적인 도시문제의 층위들이 맞물려 잠재된 세력 간 갈등이 수면 위로 떠오른 것으로 이는 재건축을 둘러싼 갈등의 연장이라고 할 수 있음.

- '규모 축소'로 해결 방안이 제시되는 듯했지만 과천의 미래 도시공간구조에 어떠한 영향을 끼칠지에 대한 '도시계획적 평가'는 여전히 부재했음→과천 남쪽에 새로운 큰 혹을 달고 과천의 미래를 그려야 하는 어려움의 가중.
- 지난 정권 말 국토부는 과천 보금자리주택사업을 최종 확정한 뒤 지금껏 추진하고 있지만 새정권이 보금자리주택정책 전반을 사실상 축소 내지 폐기하는 수순을 밟으면서 과천 보금자리주택사업 또한 추진도, 폐기도 못하는 어정쩡한 상황에 놓이게 되었음.
- 이 사업은 접고, 한다면 당초 지식정보타운사업으로 돌아가되 그것도 타당성이 없다면 과감하게 접고, 대신 그린벨트 지역으로 제대로 관리하는 게 정답임.

⑦공동체 도시, 공화도시 만들기: 사람·조직·소프트웨어·제도 문제를 철저하게 배제한 도시이야기의 극복

- 도시에 관한 논의가 대부분 그렇듯이 그동안의 과천 지속가능 비전 찾기에서도 과천이야기는 철저하게 물리적 시설 개조 중심에 치우쳐 있었음.
- 앞으로는 '마을만들기, 커뮤니티 비즈니스, 사회경제, 협동조합, 참여 거버넌스 등'과 같은 사람 중심의 도시만들기를 '지속가능한 과천만들기'의 기초이자 방식으로 끌어들여 논의하고 합의하며 이를 토대로 실행할 수 있도록 해야 함.

이종호의 기여와 족적

이종호는 특유의 창의력과 친화력으로 3년에 걸쳐 진행된 과천 작업에 의미있는 기여와 족적을 남겼다. 그는 2011년 특위 2차 모임의 주된 발제자로서 과천 연구를 위한 몇 가지 화두를 던졌다. 가령 '종이에 그어진 전원도시' '조차지' '관아지역' '공공영역의 단절' '단지 소통의 단절' '고밀 전원형 도시' 등은 과천 프로젝트의 키워드가 되었다. 이후 그는 중간 논의를 정리하여 2011년 10월 26일 과천시 의회 주관으로 개최된 주민공청회에서 '과천, 해야 할 일과 할 수 있는 일'이란 제목으로 발표를 했다. 그때 제시된 핵심 내용은 사실상 '과천의 지속가능한 비전과 개발 과제'의 기본 골격이 되었다.

이러한 발표를 통해 이종호는 과천 프로젝트에서 연구자들이 취해야 할 두 가지 핵심 쟁점을 정리해 주었다. 하나는 과천을 어떻게 읽을 것인가의 문제, 다른 하나는 과천의 미래를 어떻게 풀어갈 것인가의 문제다.

먼저 과천을 어떻게 읽을 것인가와 관련하여 그는 크게 다섯 가지 과천의 문제를 지적했다. 첫째 전원도시라 일컫는 과천은 기실 그냥 그려진 '전원도시'일 뿐 과정과 실체를 제대로 갖추고 있지 못함으로써 그 환상에서 벗어나야 한다고 지적했다. 둘째 서울의 조차지(북부지역에는 서울에서 이전한 기관들이 자리하고 있음)란 개념을 사용하여 과천이 통합적 도시로 발전할 수 없는 근본적인 한계를 가지고 있음을 지적했다. 셋째 정부청사가 자리한 중심부를 '관아지역'이라고 명명하면서 과천의 공간조직을 내부적으로 응집시키는 중심 기능 · 공간의 부재를 지적했다. 넷째 과천은 당시 도시계획 분야에 풍미했던 '단지neighborhood 개념'으로 건설됐지만 주민들의 일상 삶을 단절시키는 단지의 폐쇄성이 과천의 주된 문제로 남게 되었음을 지적했다. 다섯째 시장, 거리, 광장, 공원, 놀이터, 마을회관 등 공공영역들이 서로 분리되어 있어 소통을 바탕으로 하는 공동체적인 삶이 쉽사리 허용되지 않는 문제점을 지적했다.

이 다섯 가지 과천의 문제는 연구자들이 과천의 문제인식을 공유하는 공통분모가 되었을 뿐 아니라 지속가능한 과천이 되기 위해 풀어야 할 공통의 숙제로 인지되었다. 그를 아는 이들이라면 누구나 인정하듯이 이종호는 사안의 핵심을 늘 적절한 언어로 풀어내는 탁월한 능력을 가지고 있었다. 특유의 느린 인토네이션에 묻어 던져지는 '고급 언어'들은 듣는 이들을 모두 그의 말 속으로 끌어들이는 마력으로 작용하곤 했다. 과천에 관한 다섯 가지 문제인식이 과천 프로젝트의 키워드가 되었던 것도 그러한 그의 언어 마력 때문이었다.

한편 그는 주민들 사이에 끊임없이 논란이 되었던 재건축 문제를 지속가능성의 관점에서 해결할 수 있는 단칼의 방법으로 '고밀 전원형 도시' 개념을 제시했다. 재건축을 둘러싸고 일반주민들은 대개 초고층 고밀 개발을 원했다. 그러나 시, 전문가, 시민운동가들은 과천의 전원성 존중을 최우선으로 하는 조건의 재건축(저층 저밀도 공동주택 재건축, 통경축 확충, 저탄소 생태복원 등)을 강조했다. 이 두 입장은 늘 평행선을 이루었다. 특위에 참여했던 의원들의 입장도 크게 보면 나누어져 있었지만 전문가들은 고층 고밀도 재건축에 대해 회의적인 입장이었다. 그러나 현실의 답은 '이상과 현실'의 조화가 전제되어야 한다는 것에 대해서는 참여자 모두가 생각을 같이 했다.

이 생각을 가장 명료하게 정리해서 답으로 제시했던 게 바로 이종호의 '고밀 전원형 도시 과천'이란 개념이었다. 전원성을 지키면서 사업성과 주민 선호도를 동시에 반영할 재건축 방안으로 그는 '고밀 전원형 도시' 개념을 던졌던 것이다. 이는 기존 단지를 해체한 뒤 길, 공원, 상가 등 공공영역을 연결하면서 그 결절부에 고층 복합주거를 허용하고 그 외 지역에는 저밀 저층 주거를 배치하는 절충형 재건축을 의미한다. 이 같은 조성과 함께 저층부에 연도형 상가 등을 배치시켜 가로가 활성화되면 도로는 그 자체로 소통의 네트워크로 기능하는 것을 전제한다. 이를 위해서는 공동주택의 건축형태가 지금과 같이 획일적인 타워형이 아니라 장소와 위치에 따라 연립형, 테라스형, 연도형, 타운형 등 다양하게 구현되어야 한다고 했다. 이런 식으로 재건축이 이루어지면 건축경관 자체가 과천의 랜드마크가 될 것으로 내다 봤다.

2012년 11개 대학이 참여해 추진된 공동 스튜디오 작업은 바로 이종호가 제안한 '고밀 전원형 도시'의 구현 가능성을 찾아보기 위한 것이었다. 젊은 대학생들이 제안한 방법에는 대단히 창발적이고 혁신적인 것들이 많았다. 하지만 그러한 제안들이 대부분 현실에서 그대로 실현될 수 있는 것들은 아니었다. 관련법이 뒷받침되어야 하고 사업성이 담보되어야 하며 무엇보다 주민들이 동의하고 받아들여야 실현 가능한 것들이다. 이 모든 것의 가능성은 결국 과천시가 주체적으로 풀어야 할 숙제로 남게 되었다. 이종호는 이러한 숙제를 남긴 뒤 천국으로 떠났다. 그는 떠났지만 그는 과천 도시개발사에서 영원히 기억될 아름다운 족적을 남겼다.

이종호의 발제문

과천, 해야 할 일과 할 수 있는 일 (2011.10.26.)

이종호
한국예술종합학교 건축과, 도시건축연구소

전원도시 과천, 인식과 실천(이종호 2011. 06. 23. 중)

1. [인식] : 과천 읽기

①인식1 과천의 기본 구조

- 산계와 수계: 아주 오래 전부터 관악산과 청계산 사이 영역에서 양재천 상류의 지천들을 품으며 산계 및 수계 속에 삶을 영위해 온 도시 구조
- 전원도시 계획: 행정도시 기능을 위해 중심도시로부터의 이격 및 좋은 접근성, 훌륭한 자연 환경과의 조화 (자족성은 유보) 등 '전원도시'의 여러 원칙들에 의한 계획도시 구조
- 공동체 계획: 주구 중심을 가진 '단지' 단위들의 집합과 함께 중 · 고층의 경관 혼합, 중 · 소형의 사회 혼합 방식에 의해 다양한 공동체를 형성 · 보전해 온 당대의 모범적 계획도시 구조

②인식2 과천의 특이 구조

- 독립적인 단지들: 근린주구 각각의 강한 독립성으로 인해 도시 내 생활 가로가 형성되지 않는 동시에 그 가로를 통한 전체 도시 내의 연계가 이루어지기 어려운 도시 구조
- 관아지역: 과천 형성의 이유이자 인식의 중심에 있는 정부청사를 포함한 일명 '관아지역'이 여타 도시 공간과 명확히 격리되어 있을 뿐 아니라 전체 구조를 왜곡하고 있는 도시 구조
- 조차지역: 과천에 속해 있으나 '서울'의 이름을 가진 경마장 · 대공원과 과천의 생활과 크게 관계하지 않는 현대미술관 · 과천과학관이 산재해 있는 일명 '조차지역'의 파편적인 도시 구조

2. [실천] : 과천에서 해야 할 일, 할 수 있는 일

①실천1 도시

- 관아지역의 도시화: 혼합용도(업무, 상업, 주거, 교육연구 등)계획을 통해 적정 밀도의 도시로 만들어 과천 전체 도시 구조의 정상화와 중심지 활기 증가 및 자족성 증대에 기여하는 일
- 조차지역의 과천화: 각기 파편적 상태의 여러 시설에 대해 조차지역의 주체로서 과천이 해당 공간의 계획 · 관리 권한을 행사하는 동시에 방문객의 활동을 과천 시가지와 적극 연계시키는 일
- 가로, 공원, 광장 등 공공영역의 연계화: '단지' 내에 머물러 있는 도시 생활을 가로, 광장 등의 공공영역으로 이끌어 더 풍부한 도시 활동을 유도하는 동시에 과천의 공동성으로 함께 엮어내는 일

②실천2 전원도시

- 21세기의 전원도시: 지난 세기의 지혜를 모아 만들어진 토대 위에 새로이 발생된 변수들을 관리하며 금세기의 새로운 전원도시를 만들어 갈 최적, 최대의 지혜를 모아야 하는 일
- 지속가능성의 강화: 산계와 수계를 도시 내부와 연계시키며 환경적 지속가능성을 유지하는 동시에 주거유형, 규모 등이 만드는 삶의 다양성에 관한 사회적 지속가능성을 유지 발전 시키는 일
- 과천형 전원주거를 위한 통합적 연구: 현 단계의 일반적 '정비계획'보다 더욱 지혜로운 '21세기의 전원도시' 계획 속에서 '과천형 전원주거'를 모색하여 여러 전제들을 선행, 준비하는 일

* 만일 '과천성'이 존재한다면 그중 핵심적인 하나는 남과 북으로 도시가 이어지는 도시 연담화를 피하도록 하면서 과거 과천의 발생과 전개 과정이 그러했듯 적절한 도시 영역으로 한정되는 과천다운 삶을 유지하는 것.

[실천의 과정] : 과천에서 해야 할 일, 할 수 있는 일 (2011.10.26.)

1.점검: 과천의 미래(변창흠 20110623 중 + 보완)

①진행 중인 대규모 개발사업

개발사업

- 과천지식정보타운과 지식정보타운 보금자리 주택 건설 조성: 9600세대에서 4800 세대로 축소. 그러나 본질적인 대안 필요?
- 과천시 복합관광단지 조성: 경기관광공사에서 경기도시공사로 이관. 8월 1일 수요분석 및 전략수립 연구용역 착수(8개월). 라이프스타일 존(대형 아울렛과 유통판매), 엔터테인먼트 존(키즈테마파크, 멀티플렉스), 프리미엄 존(백화점, 호텔, 컨벤션). 내년 7월, 그린벨트 관리계획 변경 신청 예정. 민자사업 공모 방식. 2015년 오픈 목표
- 과천시 화훼종합센터 건립: 경기도 도시계획위원회에서 화훼센터를 위한 과천 2020도시기본계획 일부 변경안 통과. '주거와 상업이 결합된 시가화 예정지구' 절차를 거쳐 12월 내 삼성물산과 사업협약 체결 및 SPC 설립 예정. 2013 완료 예정
- 기무사 이전: 2008년 11월 이전 완료 후 "지역사회와의 소통 노력(?)"……은 계속되어야 하지만 과천 조차지가 '잉여지대'로 취급되는 것에 대한 각성의 계기로.

재정비사업

- 공동주택 재건축: 1013, '분쟁 제로, 신속 준공을 위한 주택 정비사업 민 · 관 협약' 체결 재건축 초과이익 환수 제도 완화. 2단지>6단지……조합 설립 추진 중
- 단독주택 재정비

주요 도로개설 사업

- 과천~우면산 간 연결도로 확장 공사
- 과천시 국도 47호선 우회도로 개설 공사
- 제 2경인고속도로 연결고속도로

②바꿀 수 없는 것, 받아들여야 할 것

대규모 개발사업 중 기확정된 것

- 과천지식정보타운(논란 중?)
- 기무사 이전

정부종합청사의 이전과 유치 기능

- 이전 계획 2012년, 2013년에 7개 부처 이전
- 중앙정부 차원에서 결정되는 청사 활용 계획: 아직 논의 중(?) 2012년 연구 추진 예정, 논의의 방법 · 방향 · 주체 모두 모호

재정비 사업

- 정비사업 추진 시기만 문제가 될 뿐 재정비 자체는 불가피
- 토지 소유자의 재산상의 손실을 초래하지 않는 개발
  · 현재 주택 가격에 내재되어 있어 자산가치 하락 용인 불가
  · 주민들의 동의를 위한 기본 요건
  · 고밀 개발이 불가피하나 재산상의 손실이 없는 저밀 개발은 수용 가능

과천지원특별법

- 다수 여당의 주도로 추진되기 때문에 특별법 자체의 입법을 제어하는 데는 한계
- 특별법의 내용은 주도 규제완화와 지원 확대로 기본적인 성격은 불변

③가변적인 것, 대응에 따라 변화할 수 있는 것

개발사업

- 과천지식정보타운의 규모와 성격
  · 보금자리주택 건설사업 추진으로 확정된 계획 자체가 유동적
  · 부동산 경기의 침체와 LH공사의 부채 누적으로 정상적 추진 곤란
  · 시의회와 주민들의 대응에 따라 사업내용과 규모 등 조정 가능
- 지식정보타운 보금자리 주택 건설 조성
  · 시의회와 주민들의 대응에 따라 사업내용과 규모 등 조정 가능
- 과천시 복합관광단지 조성, 과천시 화훼종합센터 건립

· 시의회와 주민들의 대응에 따라 사업추진 여부와 내용에 대한 조정 가능

재정비사업

- 공동주택 재건축의 정비 자체를 막을 수는 없으나 사업방식, 사업추진 시기, 밀도, 경관 등에 대한 조정은 가능
- 단독주택 재건축은 정비사업 추진 여부, 사업추진 방식(재개발, 리모델링, 현지개량 등), 주택의 유형(단독, 연립, 테라스하우스, 아파트 등) 선택 가능

주요 개발사업과 개발제한구역의 해제 정도

- 과천지원특별법, 보금자리주택, 주요 개발사업의 추진 여부에 따라 해제 규모 결정

④예측 가능한 과천의 개연적 미래

고밀 아파트단지

- 규제완화, 사업성에 따른 개발사업 추진 시 인구의 급격한 증가
- 현 7.2 만에서 11~12만 규모로 확대 가능

이전 부지 및 개발제한구역의 전면적인 개발

특징을 상실한 다양한 개발사업의 종합판

- 유치 가능하고 일자리 창출 가능하며 사업성이 있는 모든 프로젝트를 수용

⑤과천의 미래에 대한 기획이 필요하다

기획은 자연적인 추세에 의한 추정을 바탕으로 목표와 방향을 설정하고 미래에 바람직한 모습에 이르도록 인위적으로 이끌어 가려는 노력(김신복, 2003)

- 우리가 가지고 있는 것과 우리가 원하는 것 간의 격차를 측정, 기획을 통해 수행해야 할 과제의 내용을 결정해야.
- 예견(prediction)은 사적인 통찰력을 통해 미래에 대해 투시하는 것으로 미래의 변화에 대한 규칙성이나 요인에 대한 분석이 결여된 주관적인 예상임.
- 반면 예측(forecasting)은 과거의 추이와 지속적인 경향을 바탕으로 시 계열 분석과 통계적인 추정을 통해 미래를 내다보는 것
- 목표에서 제시하고 있는 미래상과 현재의 추세가 지속되면 나타날 것으로 예상되는 미래상 사이의 격차를 밝혀내어 그 격차를 해소할 수 있는 수단을 강구해야.

⑥다양한 미래예측 및 이슈 개발 프로그램 개발 및 활용

- 시나리오 기법 외에도 다양한 브레인 스토밍과 델파이 기법 등 활용

⑦분야별 이슈페이퍼 작성

- 확정된 미래 사건과 가변적인 미래 사건이 과천에 미치는 영향에 대해 이슈 페이퍼 작성
- 시나리오 작성을 위한 기본 준비 작업

⑧주민참여를 유도하기 위한 다양한 방법 고민 필요

- 공청회, 공람, 세미나 외에 인터넷, 도면, 모형도, GIS,동영상, 영화, 만화 등 다양한 표현 기법 활용 필요
- 초등학교의 모의 시의회, 모의 시장회의 등을 주최
- 주민들이 미래 모습을 가시적인 형태로, 실질적인 부담과 편익으로 활용할 수 있도록 준비

<기획2. 비전 플랜의 축적과 소통>

비전 플랜들의 축적

도시 기본계획 등의 법정계획에 선행하며

보금자리, 복합문화 관광단지, 화훼단지 등의 개별사업들을 포괄하고

재건축, 재개발 사업들에 상상력을 전할 수 있는

by

- 전문가 그룹 연구
- 일정 기간의 워크숍/수도권 지역 학교 연계
- 도시, 건축, 조경 학과 대상 공모 등

소통

과천 이슈의 드러난 또는 가려진 주체들 모두를 광장으로 나오도록 하며

광장의 주관은 의회가 맡아

거시에서 미시에 이르는 의제를 정리해 가는

by

- 주체 발굴 및 형성 전략 필요
- 신규 매체(인터넷, 신문, 방송) 조직 필요
- 축적되는 비전 플랜의 출간, 전시, 세미나 등

조명래

단국대학교 도시지역계획학과 교수. 영국 서섹스대학교에서 도시지역학 분야 철학박사(D.Phil)를 받았다. 공간정치경제학의 관점으로 한국사회의 공간환경문제에 오랫동안 천착하면서 80여 권 이상의 공저서를 생산했다. 『공간으로서 사회읽기』(2013, 문광부 우수학술도서), 『녹색토건주의와 환경위기』(2013), 『지구화 되돌아보기 넘어서기』(2010), 『개발정치와 녹색진보』(2006), 『녹색사회의 탐색』(2002, 학술원우수학술도서), 『현대사회의 도시론』(2001, 문광부우수학술도서), 『포스트포디즘과 현대사회위기』(1999) 등이 대표 저서이다. 한국NGO학회장, 한국공간환경학회장, 한국도시연구소장 등을 지냈고 환경정의와 한국내셔널트러스트 공동대표, 한국지속가능발전센터 이사장 등의 일을 하고 있다. 서울시의 청계천시민위원장, 지속가능발전위원장, 충남 행정혁신특별위원장, 수원 환경수도위원장 등을 맡으면서 진보적 자치 실현에도 힘을 보태고 있다.

건축가 이종호의 공공연구 프로젝트

리얼 DMZ 프로젝트

김선정

항상 후배들을 독려하던 이종호와 리얼 DMZ 프로젝트

건축가 이종호의
공공연구 프로젝트 :
김선정

DMZ와 민간인 출입통제구역

2012년 광주비엔날레를 준비하던 중에 한국의 DMZ와 연관된 작업을 제안한 한 작가와 리서치를 위해 2011년 겨울, 강원도 철원을 방문하게 되었다. 철원의 역사와 지정학적 의미를 접하며, 이곳에서 프로젝트를 하게 된다면 단기간의 전시보다는 장기간의 연구와 조사를 기반한 다각적인 접근의 프로젝트가 필요하다고 생각했다. 그리고 예술가들과의 논의와 철원 지역의 협력을 통해 2012년부터 철원의 민간인 출입통제구역民間人出入統制區域, Civilian Control Area 안과 밖의 장소를 사용하는 리얼 DMZ 프로젝트REAL DMZ PROJECT는 시작되었다.

DMZ는 1953년 7월 27일 한국전쟁 정전협정이 체결된 이후, 적대행위의 재발을 방지하기 위해 군사분계선을 기준으로 남북 양쪽이 2km씩 후퇴하여 설정된 지역으로 군인은 출입할 수 없고 민사행정경찰MP, Military Police만이 출입이 가능하다. 군사분계선에는 아무런 경계 표시가 없고 비무장지대 내 남방한계선南方限界線, Southern Limit Line으로부터 5~20km밖에 민간인통제선民統線, Civilian Control Line이 설정되어 있다. 이 통제선에서 남방한계선까지의 지역을 민간인 출입통제구역이라 한다. 군사분계선에서 남북으로 각각 2km 떨어진 지점을 따라 놓인 철책선만이 경계의 존재를 드러낸다. 한국이 38도선으로 나누어졌던 것처럼 베트남은 북위 17도선으로 분단되어 있었으나 1975년 통일되었다. 동서로 분단되었던 독일 역시 1980년대 중반 구소련 붕괴라는 국제정세의 급변을 겪으며 1990년 동서독으로 나누었던 베를린장벽이 무너졌고 통일이 되었다. 역사 속 냉전 체제의 경계는 독일의 통일로 막을 내린 듯하지만 이데올로기에 의해 만들어진 한반도의 경계 DMZ는 아직 남아있다. 전쟁이 끝난 것이 아니라는 휴전상태인 그리고 반(또는 준) 전시戰時 상황인 것이다.

그런데 이러한 불안전한 상황에 적응하며 살아온 한국인들에게 휴전 상황을 잊어버리려는 무의식이 작동해 온 듯하다. 60년간 존재한 남과 북의 경계는 개인의 기억이나 의식뿐만 아니라 지역민, 공동체, 그리고 한국 전체에 크고 작은 영향을 미쳤다. 그런데도 우리는 정치적 아젠다로 등장할지언정 보이지 않는 군사분계선처럼 정전이나 남북한의 대치 상황을 망각하며 살거나 기억이나 무의식 속에서조차 이를 접어 두도록 교육받아온 것은 아닐까. 전시의 긴장감이나 불안감을 일상에서 지속적으로 의식한다는 것은 불가능한 일이기 때문이다.

DMZ 인근에는 반세기 넘도록 존재하는 군사분계선 외에도 다양한 물리적, 심리적 경계들이 존재한다. 한국의 남북 간 군사분계선 이남 10km 범위 내에는 민간인의 출입을 통제하기 위한 민간인 출입통제선(민통선)이 있다. 이곳은 군사 시설이 있기 때문에 보안 유지를 목적으로 민간인의 출입이 제한되고 안보관광을 통해서만 특정 시간대에 일반인의 방문이 가능하다. 그 외에는 민간인 통제구역 내 마을에 살고 있는 주민들과 이 지역에서 농사를 짓는 농부만이 출입이 가능하다. 민간인 통제구역 안의 통일촌이라고 부르는 마을은 70년대부터 생겨났다. 이 마을은 전쟁에 대비하기 위해 만들어졌기 때문에 처음에는 제대한 군인들이 지원금을 받아 정부에서 만든 집으로 이주하였다. 이후 재해지역의 주민들이 보조금을 지원받으며 이주하면서 마을이 형성됐다. 자발적인 이주가 아닌 여러 다른 이유로 이 지역에 이주하여 살게 된 것이다. 이 마을들에는 더 이상 젊은 사람들이 살지 않는다. 젊은이들은 다른 지역으로 이주하고 노인들만이 남아있다. 이 때문에 초등학교 자리가 폐허로 남아있거나 학교를 생태학교 등으로 바꾼 모습을 심심찮게 보게 된다.

이종호와 리얼 DMZ

'리얼 DMZ'는 군대의 주둔이나 무기의 배치, 군사시설의 설치가 금지된 비무장지대非武裝地帶, The Demilitarized Zone 주변에 남한과 북한의 군인들이 서로 무장 대치하고 있는 아이러니컬한 현실 상황을 드러낸다. 이 명칭은 건축가 이종호의 경기도 연천지역 연구 프로젝트 <대안의 땅, 임진강>**주1** 에서 제안한 대안적인 7개의 과제에서 비롯되었다. 이종호의 연구는 임진강을 중심으로 비무장지대에 대한 지역민의 삶과 생태계, 교통 사정 등을 조사하면서 이 지역의 법적 규제나 토지 이용 등 영역적, 역사적, 지리적으로 실질적인 연구, 그리고 조사 해석을 수행했다. 그리고 민간인 통제 구역 내의 군사시설 및 지역 내 미군 공여지의 활용 방안을 산업이나 유적지와 연계해 제안했다. 그는 임진강 하구 한강 합류 지점에서부터 임진강 본류를 따라 군사분계선을 관통하는 영역을 <대안의 땅, 임진강>이라고 프로젝트 이름을 붙였다. 이 7개의 과제는 대안 전원도시, 대안 건강마을, 대안 문화마을, 임진강 트리엔날레, 임진강 교통 네트워크, 동아시아 역사평화대학원 그리고 리얼 DMZ 등으로 나뉜다. 이중 리얼 DMZ는 연천군 중면 황산리와 삼곶니, 군남면 강내리 일

주1. 2010년 임진강 주변을 역사적, 지리적, 구조분석을 통해 이 지역의 대안적 잠재력을 제안했던 연구 프로젝트였다.

원, 태풍전망대와 군남댐 인근, 임진강이 관통하는 DMZ지역에 생태 회복을 추진하고 실제로 그 조건이 이루어진 후 유목적 생활을 수용할 수 있는 최소한의 거주, 집회, 연구, 숙박 시설을 만드는 프로젝트이다. 이 지역을 4단계의 다이아그램으로 묶어 1단계는 기존 시군의 개발사업 구상을 실천하고 2단계부터는 기존 마을들과 1단계 사업을 연계한다. 3단계에서는 태풍전망대와 임진강변 가용지를 중심으로 리얼 DMZ사업을 시작하고 4단계에서 장기적 차원의 남북협력으로 강을 따라 북쪽으로 확대해 나가는 제안이었다.

나는 현대미술을 중심으로 리얼 DMZ 프로젝트를 기획하던 초기 단계에서 그와 이야기를 나눌 기회가 있었다. DMZ에 대한 장기간 예술 프로젝트 구상에 대해 언급하자 이종호는 자신의 임진강 연구 프로젝트에 대해 이야기를 꺼내며 "비무장지역이라는 의미의 DMZ가 실은 남북 군의 무장 지역이라는 역설적인 상황과 미래에 실현될 참된 의미의 비무장지대를 상상하며 리얼 DMZ를 만드는 게 중요하다"고 강조하였고 본인이 관여했던 프로젝트에 대해 간단히 설명을 해주었다. 이를 계기로 임진강에서 열리는 프로젝트는 아니지만 '리얼 DMZ'라는 명칭을 강원도 철원에서 시작하는 프로젝트의 이름으로 사용하고 싶다고 내가 제안하였고 그는 허락해줬다. 그는 또한 북한에 대한 연구도 필요하다고 하면서 건축가 임동우가 쓴 『평양 그리고 평양 이후』(효형출판, 2012)를 소개해 주었다.

2012년에 첫번째 리얼 DMZ 프로젝트를 마무리하면서 이 프로젝트를 단단히 구축하기 위해 기획위원회를 조직했다. 이때 건축가 이종호에게 기획위원으로 참여해 줄 것을 부탁했고 그는 흔쾌히 수락했다. 첫번째 기획위원회 회의에서 그는 위원장으로 선출되었고 프로젝트가 시작되는 시점부터 2014년 2월까지 이 프로젝트를 어떻게 발전시킬 것인가를 같이 고민했다. 2012년과 2013년 준비 과정과 전시홍보를 위한 기자 간담회, 오프닝 투어 같은 중요한 일정에 빠지지 않고 참여하면서 지원을 아끼지 않았다. 그는 항상 후배들을 독려하는 사람이었다. 2012년 문화역서울284에서 열렸던 도시에 대한 전시 <건축한계선>**주2**를 준비할 때도 그는 후배들의 기획을 도우며 자신은 뒤에서 묵묵히 지원만 하였다. 리얼 DMZ 프로젝트가 철원에서 진행되는 모습을 보고 그는 장기적으로 한 지역에서가 아니라 DMZ 일대 여러 지역으로 확대되었으면 좋겠다고 제안하였다. 그리고 향후 자신이 연구를 수행하던 연천지역에도 열렸으면 한다고 했다. 특정 DMZ 지역에 국한되어 프로젝트를 진행하지 말고 DMZ 전체를 옮겨 다니는 프로젝트를 제안한 그의 발상은 자발적으로 발생한 이 프로젝트가 발전적으로 나아가는 실마리를 제공해줬다. 그는 아마도 이 프로젝트가 군이나 시, 도의 초청으로 만들어진 것이 아니라 기획 집단인 사무소가 시작하고 리얼 DMZ 프로젝트 기획위원회에 의해 독립적으로 주도되는 프로젝트였기에 더욱 DMZ 여러 지역에서 벌어지는 아트 프로젝트가 되면 좋겠다고 생각했던 것 같다.

주2. <건축한계선>전에 참여했던 임민욱, 리슨투더시티는 필자가 기획한 전시 <City Within the City>(아트선재센터, 2011~2012)를 통해서 건축가 이종호와 일하는 계기를 얻기도 했다.

리얼 DMZ 프로젝트와 철원

임진강을 따라 제안되었던 '리얼 DMZ'는 그가 제안했던 모습과는 달리 작은 규모의 전시 프로젝트로 강원도 철원에서 시작됐다. 임진강 지역에 제안했던 전시 형태는 아니었지만 그의 비전이 전체 프로젝트에 녹아있다. 그는 최초에 3년마다 열리는 대규모 전시 형태인 트리엔날레를 제안하였는데 그보다는 소박하게 10여 명의 국내외 작가가 참여하는 전시로 매년 열리게 되었다. 특히 이것은 기획단계에서 10년 동안 진행하는 장기 프로젝트로서 시작되었다. 선생이 제안했던 대안 전원도시는 철원 내 양지리 마을의 레지던시와 김주현 작가의 작업으로 대체되어 진행 중이다. 도시를 대상으로 기획되었던 그의 제안과는 달리 마이크로화되고 파편화된 모습으로 진행 중이다. 그리고 장소 면에서도 경기도가 아닌 강원도의 철원에서 진행하고 있다. 그가 제안하였듯이 여러 지역을 함께 다루는 것도 좋겠지만 특정 장소를 깊이 연구하며 프로젝트를 수행하고자 한다. 철원은 경기도와 접해 있지만 경기도에 비해 관광지화가 덜 되어 있기 때문에 DMZ나 분단의 문제를 이데올로기가 아닌 삶의 관점으로 접근하기에 적절하다고 보았고 철원이 위치한 한반도의 중간지대라는 장소성에도 주목하였다.

철원은 DMZ 전체 면적 중 약 삼분의 일을 포함하고 있다. 이곳은 군사적 요해지로서 한국전쟁 당시 전략적 요충지인 철의 삼각지대 지역이자 최대 격전지였다. 그로 인해 철원 일대는 거의 폐허가 되었고 1953년 정전 후 이곳을 가로질러 군사분계선이 설정되면서 남한에 부분적으로 편입된 수복지구가 되었다. 현재 철원군은 대한민국과 조선민주주의인민공화국 양쪽 모두의 행정구역을 둔 분단 지역이며 일본 식민지시대에는 한반도 중간이라는 위치로 인해 금융시설, 영화관 등이 있었던 번화한 도시였다. 서울과 원산을 잇는 경원선과 지선인 금강산 전기철도가 지나는 물류와 교통의 요지였다. 1945년 해방된 이후 미국과 소련에 의해 38선으로 남과 북이 나뉘어질 당시 5년 동안 소련군정의 관할 아래 놓이게 되었고, 이때 노동당사와 같은 공산주의 정권 하의 시설이 만들어졌다. 한반도의 동서와 남북 중앙부에 위치한 철원은 궁예가 세운 태봉국(후고구려)이 한때 수도로 삼았던 곳으로 그 성터가 DMZ 내에 남아있으며, 조선시대에는 강원도 서북부를 아우르는 요충지로 발전하였다. 남북으로 나누어진 한국의 분단 상황뿐만 아니라 정치, 사회적인 문제, 전쟁에 의해 야기된 단절과 왜곡된 역사, 잊혀지거나 지워진 이야기, 그리고 분단 체험 당사자들의 상처와 트라우마 등의 문제를 들여다보기에 철원이 가진 장소성은 중요하다고 판단했다.

안보관광

일반인들이 DMZ 지역 주변의 민통선 안을 방문하려면 철원군에서 운영하는 안보관광을 통해서 가능하다. 민간인 통제구역 안은 군인들에 의해 통제를 받기 때문에 자유로운 방문이 어렵다. '안보'와 '관광'이라는 이질적 개념이 조합된 용어에서 드러나듯이 냉전 체제의 흔적이 투어 코스에 그대로 나타난다. 철원안보관광에 참여하려면 '철의삼각전적지 관광사업소'에서 신분증을 확인받고 등록을 한 후 출발할 수 있다. 정해진 시간에만 출입이 가능하고 민통선 내부에서는 사진 촬영이 금지된다. 1970년대 발견된 북한의 남침용 땅굴 '제2 땅굴', 중부전선 최북단 접경을 조망할 수 있는 '철원평화전망대', 일제시대에 지어져 분단될 때까지 서울과 원산을 잇는 기차가 다녔던 '월정리역' 그리고 한국전쟁 이전 38선에 의해 철원이 북한에 속했던 시기에 만들어진 '노동당사' 등을 방문한다. 안보관광을 찾는 이들은 주로 실향민과 한국전쟁을 겪은 노인들, 전후방 군부대 군인들과 철원 지역 군인들을 면회온 이들, 학생 단체들이다. 실향민은 평화전망대에서 돌아갈 수 없는 북쪽 고향을 바라본다. 안보관광은 군인들, 일반인들이 전쟁의 장소, 북한의 침략용 기지였던 땅굴들을 방문하면서 잊혀진 전쟁을 상기시키고자 하는 목적이 있지만 이제는 이국적인, 그리고 더이상 일반인에게 유효하지 않게 다가오는 간첩이나 북한의 이미지가 남아있는 공간이다. 특히 전망대에서 바라보는 분단선(실제로 경계선이 존재하지는 않는다)과 북한은 그다지 멀지 않다. DMZ를 방문하면 영화나 사진 등에서 봐왔던 이미지와는 다른 DMZ를 마주한다. 전망대에서 바라보는 DMZ와 북쪽으로 펼쳐진 풍경은 게임이나 영화 속 장면같이 광활하고 고요해 보인다. 특히 민통선 내부에 펼쳐진 논과 밭, 군부대 그리고 아무도 살지 않는 넓은 광장은 실로 초현실적인 공간을 경험하게 한다. 건축가 이종호의 임진강 지역 프로젝트도 민통선 안을 포함하고 있는데 구체적으로 어떻게 진행할지에 대해서는 의논하지 못했다. 하지만 2012년과 2013년 전시를 보면서 그가 환하게 웃던 모습은 생생하다. 나는 이종호가 그의 연구에서 왜 트리엔날레를 내게 제안했는지 자세히 들을 기회를 놓쳤다. 하지만 그가 미술에 관심과 애정이 있었다는 것은 스스로 광주비엔날레에서 큐레이터를 맡아 진행하기도 했고, 전시 기획을 직접 혹은 간접적으로 진행했던 모습에서 알 수 있었다.

리얼 DMZ 프로젝트 2012

안보관광코스인 전적관, 땅굴, 전망대, 월정리역, 노동당사 등을 사용한 2012년 리얼 DMZ 프로젝트에서는 일반인도 자연스럽게 전시의 관람객이 되었다. 전시 참여작가들도 오래전부터 DMZ나 남북분단 상황에 대한 작업을 해오던 작가들로 구성했다. 디륵 플라이쉬만Dirk Fleischmann은 <메이드 인 노스 코리아Made in North Korea> 프로젝트를 통해 남북공동사업인 북한 내 개성공단에서 옷을 만드는 프로젝트를 진행했다. 경제와 산업 시스템을 작업 내용으로 포함하는 디륵 플라쉬만의 작업은 비지니스로만 접근이 가능한 여러 지역에서 그 조건을 이용한 작업을 진행했다. 그는 <리얼 DMZ 프로젝트 2012>에서 철원에서 마주치는 여러 군사, 안보 메시지 게시판들의 표어, 안내 문구를 수집하여 전망대에 올라가기 위해 탑승하는 모노레일의 유리창 위에 다시 쓰는 작업을 했다. 또한 수년간 남한의 전망대 구조에 대한 리서치를 해오던 독일 작가 니콜라우스 펠처Nicolas Pelzer는 실제 전망대 내 DMZ 풍경의 파노라마가 펼쳐지는 창 옆에 반투명의 유리 구조물를 설치함으로써 남과 북의 불투명한 상황을 드러냈다. 김량은 실향민인 아버지로 인해 민통선 안에 살고 있는 주민의 삶과 실향민의 삶에 관심을 가지고 그들을 인터뷰하는 작업을 하였다. 노순택과 황세준은 한국의 정치 사회상을 다루는 작가들로 오래 전부터 DMZ에 관심을 가지고 있었다. 안보관광코스를 따라 전시하는 방식 때문인지 황세준과 노순택 두 작가는 '안보'와 '관광'이라는 아이러니한 두 가지 요소가 겹쳐지는 안보관광 그 자체를 작업의 내용으로 삼았다. 이주영은 탈북자와 함께 노동당사와 철원 일대를 방문하고 그들의 노래나 퍼포먼스로 비디오 작업을 했다. 그리고 그것을 바탕으로 미래의 안보관광을 상상하였다. 아망딘 페노Amandine Faynot는 철원 내 군부대에 일정 기간을 머물면서 군인들의 훈련과 일상을 보여주는 영상 작업을 하였고 프랑소와 마자브로François Mazabraud는 전망대 망원경을 통해 DMZ 지역 내를 바라보면 보일 수도 있는, 그곳에 살고 있는 어떤 사람의 이야기를 만들어 냈다.

리얼 DMZ 프로젝트 2013

2013 프로젝트는 DMZ 접경지역의 역사와 지정학적 맥락을 인문 · 사회 · 과학의 분야에서 연구하는 연구자들과 지역의 장소성을 살피며, 새롭게 작업하는 예술가들의 장 · 단기간의 작업 제작과 전시 등으로 그 형태와 범위를 넓히려고 하였다. 2013년부터 본격적으로 전시뿐만 아니라 다양한 분야의 조사와 연구를 장기적으로 지속하고 이 조사와 연구를 모아 공유할 수 있는 플랫폼을 마련하고자 장기적인 비전과 방식을 다각도로 모색하기 시작했다.

2013년 전시는 안보관광코스에서 벗어나 그 주변의 유휴 시설들을 전시에 사용하면서 관객들이 전시에 보다 집중하도록 했다. 정해진 시간에 안보관광코스를 따라가면서 전시도 동시에 봐야한다는 것은 관람객이 여러모로 부담을 느낄 수 있다. 기실 안보관광의 코스 내 장소들이 가지고 있는 여러 유형의 역사적인 사실과 사건들을 알면 알수록 그 장소들의 무게에 작품들이 함몰되어 가는 것 같았다. 처음 DMZ를 방문하는 관람객들이 실제 장소에서 겪게 되는 초현실적인 경험을 감안하여 2013년 전시는 작품을 안보관광코스에서 다소 벗어난 장소에 설치하는 방식을 택했다. 새로운 맥락에 놓인 작업들은 역사와 현실을 새로운 시선으로 바라보면서도 또 한편으로 여지를 두고서 오늘날을 살아가는 우리의 이야기를 다룬다.

2013년 리얼 DMZ 프로젝트는 분단에 의해 만들어진 사회의 다양한 경계들을 역사, 정치, 경제, 사회와 같은 인문학적 접근을 통해 살펴봄으로써 우리 사회의 유무형의 경계borderline들의 의미와 경계가 만든 여러 현상을 연구하고자 여러 분야의 전문가들과 협력했다. 먼저 2013년 2월부터 6월까지 평화박물관과 함께 <DMZ 인문학-철원>이라는 월례 포럼을 진행하였다. 역사학자 한홍구의 기획으로 시작된 이 인문학 포럼은 철원지역에 대한 인문학자, 정책입안자, 작가들의 발표와 자신의 프로젝트에 대한 예술가들의 발표가 함께 이루어졌고 서로의 리서치 과정과 결과, 생각을 공유할 수 있는 자리가 되었다. 이 포럼은 프로젝트가 진행되는 철원을 염두에 두고 '마음[心], 땅, 쇠, 쌀, 물'이라는 다섯 가지 주제어를 가지고 분단과 DMZ 문제에 접근하였다. 먼저 조은(동국대 명예교수)의 <내 마음속의 DMZ: 다양한 분단의 역사 및 분단의 내면화>와 김귀옥(한성대 교수)과 민영(시인)의 <쇠둘레의 땅: 분단과 철원의 관계, 수복지구 문제>, 정동영(전 통일부장관)의 <뜨거운 쇠: 분단의 정치 경제학>, 김태호(서울대학교병원 연구교수)의 <불타는 쌀: 분단과 쌀의 경제학>, 마지막으로 홍성태(상지대 교수)의 <물: 분단의 강, 한탄강은 한탄한다

>라는 주제가 진행되었다. 인문학 포럼과 함께 건축가들의 철원 지역연구도 진행되었다. 김태형(김태형도시건축연구소 소장)은 민통선 안의 민간인 마을들의 가옥 구조의 변화에 대한 연구를 통해 지역의 역사와 장소성을 살펴보았다. 김광수(이화여자대학교 건축과)와 이화여자대학교 건축과 학생들은 철원 DMZ 접경지역의 빈집, 정미소 등 유휴시설을 연구하였다.

2013년에도 정전협정 기념일인 7월 27일부터 철원 안보관광 코스와 인근의 유휴시설을 활용한 <리얼 DMZ 기념프로젝트 2013: 보더라인Borderline>이 열렸다. 철의삼각전적지 관광사업소, 제2땅굴, 평화전망대, 월정리역을 비롯한 안보관광코스뿐만 아니라 민통선 안의 유휴시설인 DMZ평화문화관과 광장 그리고 얼음창고와 농산물검사소와 근대문화유적 공간을 전시에 사용함으로써 일제시대 구철원의 시가지 모습을 상상하며 전쟁의 상흔이 남겨진 장소들을 가볼 수 있었다. 철원에서 열리는 보더라인과 함께 서울 아트선재센터에서 열린 <리얼 DMZ 프로젝트 2013: 프롬 더 노스From the North>는 북한의 모습을 통해 남한과 북한의 상대적인 관계를 보여주는 전시였다. 지금은 갈 수 없고 마치 다른 나라처럼 느껴지지만 우리의 또 다른 한편이라고 할 수 있는 북한을 다시금 생각해보는 전시였다. 분단이 외부의 힘과 논리에 의해 이루어진 사건이라고 한다면 이후의 상황은 남북의 문제이다. 남과 북은 대치하며 상호 방문이 불가능한 상태이고 정치적 선전과 이해 관계에 의해 본래의 모습이 어떠한지 미처 생각해보기도 전에 과거 냉전체제의 반공이데올로기 속에서 북한은 우리와는 전혀 다른 대상으로 인식하도록 교육되었다. 하지만 남과 북의 관계는 서로를 비추는 거울과 같은 상호대칭적 관계이기에 북한에서 만들어진, 그곳에 관한 다양한 이미지들을 통해 북한 그리고 우리에 대해 살펴보는 계기로서 만들어진 전시였다. 현재의 남북 관계는 한 치를 내다볼 수 없는 다소 경직된 상황이지만, 1990년대 말 한국 내 정권 교체와 뒤이은 대북 '햇볕정책'의 영향으로 한때 북한과의 교류와 방문이 비교적 활발했던 시기가 있었다. 이 시기를 기점으로 여러 통로로 북한을 직접 방문하여 접한 작가들이 북한의 모습을 기록한 작품들과 한국인에 비해 자유롭게 북한을 방문할 수 있는 외국인 작가들의 작업 그리고 탈북자의 이야기를 다루었다.

DMZ 문화예술 플랫폼 2014

2014년의 리얼 DMZ 프로젝트를 건축가 이종호는 보지 못했다. 그가 없는 시점에서 철원을 떠나 다른 지역으로 옮겨가며 진행하는 프로젝트로 발전시키라는 그의 조언을 다시 떠올려본다. 철원에서 현대미술 전시를 진행하는 어려움을 생각하면서, 2015년 전시가 불확실해 보여서 그에게 의논했던 걸 기억한다. 그는 양구와 연천 두 지역으로 옮기는 게 어떤가 하고 내게 조언했다. 그러기에는 시기상조인 것 같았다. 전쟁과 휴전, 그리고 60여 년의 세월이 만들어내는 이야기들과 더불어 DMZ 접경지역 지역민과의 연계를 통한 작업을 하려는 시도가 2014년의 프로젝트에서 조금씩 실행되고 있었기 때문이다. 2013년 말에 철원 양지리 주민들과 함께 마을 내 조성될 레지던시 공간 계획과 그 공간 내 마당에 만들어질 김주현 작가의 작업 <굴집>을 설명하는 워크숍을 진행하였고 2014년 5월부터 양지리 마을의 레지던시 운영이 시작되어 잉고 니어만Ingo Niermann, 김주현, 아드리안 비야 로하스Adrián Villar Rojas 등의 작가들이 마을에 머물면서 각기 다른 형태의 작업을 만들었다. 잉고 니어만은 남북통일 시나리오에 관한 글쓰기를, 김주현은 환경에 최소한 영향을 미치며 유지 가능한 거주 공간을, 아드리안 비야 로하스는 레지던시 공간을 작업실 그 자체로 사용하며 마을 곳곳에 적극 개입하는 작업을 진행했다. 독일 출신 철학자이자 저술가인 잉고 니어만은 2014년 봄에 북한 평양을 방문한 후 한국에 와서 철원, 파주 등 DMZ 접경지역을 방문했다. 그리고 양지리에서 머물며 남과 북에 대한 경험을 다루는 책을 구상하고 현재 집필 중에 있다. 오랜 시간 인간과 자연의 공생 방법을 모색해온 작가 김주현은 스스로 요구에 맞는 집을 짓는 동물의 집짓기 방식을 개념적으로 차용하여 양지리 마을 안에 <굴집>을 만들었다. 이 작업은 2012년에 고안했는데 레지던시 공간이 결정되고 리노베이션 공사가 진행되는 것과 맞춰서 실현을 구상하여 2014년에 이르러 완성된 것으로, 환경 문제와 인간의 최소한의 삶에 대한 작가의 생각을 담고 있다. 아드리안 비야 로하스는 2014년 8월 한 달간 양지리 레지던시에 머물며 논, 밭, 집 등 마을 곳곳에 작업을 설치하여 지역의 상황, 거주민의 삶으로 연결시키는 작업을 진행했고 그 과정을 영상으로 만들어 2015년 전시에서 보여줄 예정이다. 짧은 기간에 작업을 완성하는 대신에 몇 해 걸려 작업을 만드는 과정이 리얼 DMZ 프로젝트에서는 더욱더 중요하다. 이외에도 아눅믹은 2012년부터 작업을 진행하고 있고 2015년 전시에서 완성된 작업을 보여줄 예정이다.

2012년까지 민통선 안에 위치했다가 민통선이 북상하면서 그 이남 지역에 위치하게 된 철원 내 마을 양지리는 리얼 DMZ 프로젝트의 레지던시가 있는 장소이며 2014년 전시의 주요 전시장으로 사용되었다. 기존의 안보관광코스를 따라 방문객의 시각으로 철원 DMZ 접경지역을 바라보던 관점에서 벗어나 철원에 살고 있는 사람들의 실제 삶과 현지 상황을 본격적으로 반영하기 시작한 것이다. 2014년 프로젝트의 또 다른 특징은 소리, 읽기, 녹음 등을 작업에 사용하는 사운드 작업들이 포함된 점이다. 분단 상황에서 비롯된 보이지 않는 경계, 압력, 위협과 통제 상황을 읽기, 소리, 음악과 같은 비가시적 요소들로 다루었다. 또 다른 특징으로는 철원으로 가기 위해 탑승하게 되는 버스(혹은 기차) 내에서 여러 다른 경험을 제시하는 퍼포먼스가 진행됐다는 점이다. 마을에 사용하지 않는 장소들-대피소와 버려진 정미소-에 사운드 작업이 설치되거나 퍼포먼스가 이루어졌다. 오랫동안 사용되지 않고 버려져 있던 양지리 마을의 한 정미소에서 첼리스트 이옥경이 장소특정적 즉흥 연주를 들려주었고, 전쟁이 일어나지 않는 한 사용되지 않는 대피소에는 플로리안 헤커Florian Hecker의 전자음을 기반으로 한 사운드 작업이 설치되었다. 플로리안은 북한을 바라보는 전망대에 장소특정적 사운드 작업을 선보이기도 했다. 한편 정서영은 이번 프로젝트를 위해 사운드 아티스트 류한길과 홍철기, 이옥경과 함께 철원 DMZ 접경지역에서 찾아볼 수 있는 다양한 건축물과 유적지를 방문하여 그 장소의 주변 소음과 현장에서 진행된 즉흥 내레이션, 즉흥 연주를 녹음한 작업을 선보였고 최재은은 기존 작업인 다큐멘터리 영화 <길 위에서On the Way>(2000)를 만들 당시 판문점에서 녹음했던 한 UN군 병사의 목소리와 'No Borders Exist in

Nature'라는 문구의 네온neon 설치를 통해 소리와 빛이라는 비물질적인 요소를 작업에 사용했다.
베트남 출신 작가 딘 큐 레Dinh Q. Lê는 서울과 철원의 DMZ 접경지역(민통선 내 마을 이길리와 동송읍 시내)에 사는 어린이들에게 전쟁, 분단, 그리고 통일에 대해 질문하는 인터뷰 형식의 영상 작업인 <저 너머에 있는 것What Lay beyond>을 통해 미지의 대상, 경계의 장소인 북北에 대해 다루었다. 직접 경험하지 않은 장소와 그곳에 사는 사람들에 대한 잘못되거나 제한된 정보에 대한 이야기, 갈 수 없는 상상의 공간인 DMZ의 다른 한쪽(북)에 대한 인식을 어린이의 이야기를 통해 듣게 된다. 토마스 사라세노Tomás Saraceno는 전망대 내부에 실제 설치된 망원경을 개조한 작업을 설치했다. 망원경은 북쪽을 더욱 자세히 보기 위해 설치되었으나 제한적 시각과 시야만이 허락된다. 토마스 사라세노의 망원경은 360도 회전하도록 고안되어 위치가 달라질수록 전망대에서 새로운 관점으로 공간과 상황을 바라보게 된다. 물리적인 경계보다는 보이지 않는 심리적 경계를 다루는 백승우는 철원 주변의 경계지역을 다니며 작업한 사진을 100여 국가에 이미지 데이터로 보낸 다음 그 곳에서 같은 사양을 요구하여 받은 프린트 결과물을 가지고 작업을 구성했다. 배송된 프린트들을 일률적으로 배치한 설치물은 전송과 배송이라는 일련의 과정에서 발생하는 국가별로 미세하게 다른 프린트의 차이를 드러낸다. 민통선 내부까지도 한눈에 볼 수 있는 소이산 정상부에는 전쟁 후 미군이 만들었다고 하는 벙커들이 복잡한 구조로 연결되어 있다. 이곳의 한 방에 설치된 구정아의 <친애하는 영회에게>는 1900년대 초반에 태어난 가상의 인물 '영회'를 통해 그가 경험했던 시간들, 즉 일제 강점기, 해방, 한국전쟁, 남북분단 등 한국의 근대사를 연결하는 작업이다. 또한 구정아는 철원 주민들과 함께 수집한 철원 현무암을 사용한 설치 작품인 <의식 확장>을 2013년에 이어 2014년에도 DMZ 평화문화광장에 재구성하여 설치하였고 캐나다 출신 영상 작가 마크 루이스Mark Lewis는 소이산과 그 주변을 카메라의 시선을 따라 천천히 탐색하는 영상 작업을 만들었다. 2014년 프로젝트는 사운드 퍼포먼스, 콘서트, DMZ 컨퍼런스 등이 구성되어 전시뿐만 아니라 다양한 문화예술 작업들이 연계되었다.

건축가 이종호는 2014년 프로젝트를 보러 오지 못했다. 이 글은 그에게 2014년 리얼 DMZ 프로젝트가 어떻게 진행되었는지를 전하는 내용이다. 오프닝에 함께 해야 할 동료이자 조언자가 없는 상황을 어떻게 받아들여야 할지 아직도 모르겠다. 그의 부재로 구멍이 뻥 뚫린 듯하고 그가 사라진 자리가 점점 더 크게 느껴진다.
비록 그가 기획하고 연구했던 <대안의 땅, 임진강>의 기획에 비하면 작은 프로젝트이지만, 그의 조언과 함께 나누었던 논의들과 이야기들을 바탕으로 진행이 됐다. 건축가 이종호로부터 비롯된 리얼 DMZ 프로젝트는 계속될 것이다.

김선정

서울을 중심으로 활동하는 큐레이터로 현재 광주 아시아문화개발원 정보원 예술감독으로 활동 중이다. 2005년부터 비영리 전시기획 단체인 사무소의 디렉터이자 2012년부터 장기적으로 진행되는 리얼 디엠지 프로젝트(REAL DMZ PROJECT)의 예술 감독으로 활동하고 왔다. 1993년부터 2004년까지 아트선재센터 부관장을 역임했으며, 2005년에는 베니스비엔날레의 커미셔너로 한국관 전시를 기획하였다. 2006년부터 2010년까지 동시대 예술축제 〈플랫폼(PLATFORM)〉의 총감독, 2010년 미디어 시티 서울 총감독, 2012년 광주비엔날레 공동감독과 도큐멘타(13)의 에이전트로 활동하였고 2006년부터 2012년까지 한국예술종합학교 교수를 역임하였다.

건축가 이종호의 공공연구 프로젝트

평양과 서울 비교 연구

변창흠

서울과 평양의 대화를 위한 열정: "두 도시 공공영역의 상보성"을 중심으로

미래한반도연구모임의 구성과 진행

"북한연구, 통일연구는 북한학과 교수만 하는 겁니까?" "각 분야의 전문가들이 함께해야 더 좋은 아이디어가 모이는 것 아닙니까?"

이종호는 북한전문가인 이화여자대학교 북한학과 교수 조동호에게 북한연구는 학제적으로 해야 한다면서 공동연구를 제안하였다. 여러 분야의 전문가들이 다양한 시각과 상상력으로 통일과 한반도 미래에 대해 연구를 함께 진행해야 창의적인 해결방법이 도출될 수 있다고 생각한 것이다.

이 제안이 받아들여져서 2011년 3월 '미래한반도연구모임'이라는 학제적 연구팀이 꾸려지게 되었다. 이 모임의 연구결과는 2013년 6월 동아시아연구원(EAI)에서 『평양이 서울에게 서울이 평양에게』라는 작은 연구보고서로 출간되었다. 이 모임의 구성원은 심도 있는 논의가 가능하도록 너무 많지도 너무 적지도 않게 5명으로 구성하기로 합의하였다. 이종호와 조동호 외에 지난 23년간 MBC에서 통일전망대를 진행해 온 통일방송연구소장 김현경, 오랫동안 인류학적 관점에서 북한 주민과 북한지역을 연구해 온 이수정 북한대학원대학교 교수, 그리고 도시계획과 부동산 정책 전문가로서 필자가 구성원의 전부다. 모두 이종호가 주도해서 모은 구성원들이었다.

이 모임의 취지는 기획자인 이종호가 연구보고서에 수록된 자신의 논문에서 상세히 소개하고 있다. "서울과 평양은 자본주의와 사회주의라는 양극단의 체제가 만들어낸 21세기의 대표적인 두 도시다. 그러한 두 도시의 역사와 사회적 과정을 살펴봄으로써 21세기 후반 통일의 시기에 보다 나은 서울, 보다 나은 평양, 나아가 보다 나은 한반도를 만들기 위하여 필요한 요소가 무엇인지 살펴보고자 한다. 이는 남쪽의 논리를 북에 적용하자는 얘기가 아니라 북의 현재를 있는 그대로 존중한 가운데 과연 두 도시가 서로에게 전해줄 이야기가 있는지 찾아보자는 것이다. 이후 논의를 한반도 전체로 확대하게 되더라도 우선은 두 도시에 집중해보자"

이 연구는 동아시아연구원EAI 북한연구센터의 학제 간 연구 과제 형태로 진행되어 연구원에서 회의장소와 운영비용, 행정인력을 지원해주었다. 그러나 별도의 연구비가 책정되거나 회의비나 연구수당이 지급되지 않은 순수 연구모임일 뿐이었다. 연구모임은 매월 셋째 주 수요일 조찬회의 형태로 진행되었고, 2011년 3월 4일 예비모임, 3월 25일에 첫 모임을 가진 이후 10차례 이상 지속되었다.

연구모임은 각자가 주제에 맞춰 준비한 내용을 발표하고 토론하는 형식으로 진행되었지만, 중간에 관련 전문가들을 초청하여 특강을 듣고 토론하기도 하였다. 임동우 프라우드 건축 대표가 연구모임에서 저서인 『평양 그리고 평양 이후』를 소개하면서 평양도시계획의 특성과 향후 도시구조 개혁 방안을 설명하였고, 송도영 서울시립대교수는 『인류학자 송도영의 서울읽기』를 통해 도시를 읽고 해석하는 방법에 대해 소개하였다. 두 전문가들의 특강과 토론은 서울과 평양을 비교하려는 연구모임에 많은 시사를 주었다.

미래한반도연구모임은 공간연구자로서 이종호가 제안해서 구성된 수많은 연구모임 중의 하나일 것이다. 그러나 최근 들어 박근혜 정부가 대한민국통일준비위원회를 구성하고 여러 연구원이나 학회 등에서 북한과 통일 문제에 대해 본격적인 연구가 시작된 것을 보면 미래한반도연구모임을 제안한 이종호의 선구적인 안목을 다시 한 번 확인하게 된다. 더구나 서로 인연이 없던 연구자들을 함께 고민하고 풀어야 할 주제를 매개로 서로 연결하여 공동의 생산물을 만들도록 조직하고 관리해내는 것은 특별한 능력이라고 할 것이다.

서울과 평양의 상보성 연구의 문제의식과 연구 방법론

1. 서울-평양 연구의 문제인식

이 연구의 문제인식은 서울과 평양이 자본주의와 사회주의라는 양극단의 체제가 만들어낸 21세기 대표적인 두 도시라는 점에 주목하고 두 도시의 역사와 사회적 과정을 살펴봄으로써 21세기 후반 통일의 시기에 보다 나은 서울과 평양, 나아가 보다 나은 한반도를 만들기 위하여 필요한 요소가 무엇인가를 살펴보자는 데 있다. 남쪽의 논리를 북쪽에 적용하자는 것이 아니라 북쪽의 역사, 사회적 과정을 있는 그대로 존중하면서도 두 도시가 서로에게 전해줄 얘기가 있는지를 찾아보자는 것이다. 각 도시가 필요로 하는 가치가 상대도시 속에 있을 수 있고, 그래서 두 도시가 상보성의 잠재력을 가지고 있다면 이를 통해 두 도시의 발전방향을 도출할 수 있지 않을까 생각하는 것이다.

2. 연구의 지향점과 방법론

연구의 지향점은 미래의 도시는 '이래야 한다'는 당위론보다는 사실과 현상에 대한 설명에 초점을 맞추기로 하였다. 미래연구의 출발점으로 당위론을 선택하는 경우 가치가 충돌되어 쉽게 합의에 이르기 어려울 수 있기 때문이다. 서울과 평양의 유사점과 공유할 수 있는 부분을 확인하고, 비전보다는 현상의 관찰을 중심으로 간담회를 통해 이슈를 도출하고 선정하기로 하였다.

당초 한반도미래연구모임이 어디에 중점을 두고 연구할 것인가, 어떤 방법론을 활용할 것인가에 대해서는 여러 가지 대안이 거론되었다. 여러 차례 간담회에서 논의가 진행되었지만, 모든 연구주제를 포괄하는 공통의 연구 방법론을 도출하는 것은 쉽지가 않았다. 특히 북한 연구나 남북한 비교 연구에서 가장 어려운 문제는 신뢰할 수 있는 연구자료를 확보하는 것이었다. 때문에 전체 연구대상과 연구주제에 획일적으로 적용할 수 있는 연구방법론을 찾기보다는 각 대상과 주제별로 적합한 연구방법론을 채택할 수밖에 없었다.

첫 번째 대안은 도시공간을 연구대상으로 설정하는 것이다. 도시 혹은 마을을 대상으로 분단 이후부터 현재까지의 전통과 근대화 과정을 연구하는 것도 제안의 하나였다. 그러나 대도시나 행정구역에 대해 개략적인 통계자료나 제도적인 자료는 확보할 수 있어도 소도시나 마을 단위에 대해 실증적인 자료를 확보하기 어려워서 이 대안은 채택하지 못했다. 반면 이종호의 연구에서는 남북한의 장례의식이 진행된 공간을 분석함으로써 서울과 평양의 공공영역이 지닌 의미를 해석하고자 하였다.

두 번째 대안은 제도보다 사람을 연구대상으로 설정하자는 제안이었다. 체제가 다른 두 국가의 제도를 연구대상으로 설정하면 서로 다르다는 사실을 확인할 수 있을 뿐이니, 체제와 무관하게 보편성을 지닐 수 있는 사람을 연구의 대상으로 삼자는 것이다. 남한과 북한의 특정한 개인이나 계층, 지역주민을 연구대상으로 선정하여 성장과정과 인식, 공간과 시간의 활용, 사람들간의 관계 등을 연구하는 것이다. 남북한은 역사나 문화, 언어를 공유하고 있기 때문에 상이한 체제가 강요한 차별성보다는 공통성과 인간의 보편성을 많이 가질 수 있다는 기대도 있었다. 다만 북한 주민들을 직접 만날 수 없는 문제를 어떻게 극복할 것인지가 관건이었다. 최종 연구보고서에서 김현경의 연구는 북한에서 제작되어 발표된 영화나 드라마를 통해 간접적으로 북한 주민들의 의식을 분석하였고, 김수정의 연구에서는 탈북자인 북한 주민을 면담함으로써 이 문제를 해결하였다.

세 번째 대안은 한국의 과거 경험을 통해 본 북한에 사회경제 부문을 연구하는 유추법analogy을 적용하자는 제안이었다. 이른바 서구식 근대화론의 관점에서 보면 한국의 1970년은 서구의 1950년 내지 60년대였듯이 북한의 현재는 우리나라의 1980년대 수준에 불과하다고 보고 북한의 근대화를 위한 방안을 연구하자는 것이다. 이 대안은 서구식 근대화 과정을 제3세계에 이식하고자 한 로스토우W. W. Rostow의 경제발전단계론이 단선론적인 사고라는 비판에 직면했듯이, 완전히 다른 체제에서 발전해 온 북한을 남한의 시장자본주의 체제의 관점으로 진단하는 것 또한 한계가 있다는 판단 때문에 선택하기 어려웠다.

네 번째 대안으로는 평양과 서울의 발전과정이나 사회경제적 여건 전체를 연구대상으로 설정하여 국내외에서 확보가능한 통계자료나 문헌자료를 통해 해석하고 향후 발전방향을 전망하는 것이다. 가장 보편적이고 접근이었고 조동호의 연구와 필자의 연구에서 채택하였다.

그 외 DMZ를 연구대상으로 설정하고 이 지역을 단순한 완충지대가 아니라 경계의 기회border opportunity이자 기회의 공간opportunity space로 발전시키기 위한 방안을 고민해 보자는 제안도 있었으나 후속과제로 다루기로 했다.
평양과 서울의 상보성 연구에서 독창적인 점은 자료의 한계를 극복하기 위해 다양한 연구방법론을 채택했다는 점이다. 이종호 연구는 구글 맵과 언론 보도자료를 통해 북한의 장례의식과 공간구조의 관계를 분석하였으며, 김현경의 연구는 북한에서 제작된 영화나 드라마를 통해 북한주민들의 눈에 비친 평양에 대한 인식을 읽어내고자 하였다. 김수정의 연구에서는 탈북자와의 면담을 통해 평양주민의 생활사를 연구하였다. 이 연구들은 모두 평양과 서울의 상보성을 연구하면서 자료의 비대칭성을 참신한 방법으로 현명하게 극복한 사례들이다.

서울과 평양의 경쟁과 상보성에 대한 이해

미래한반도연구모임에서는 서울과 평양의 관계와 두 도시가 서로에게 지닌 의미를 찾는 데 많은 시간을 할애하였다. 이종호는 두 도시의 형성과정과 특성을 도시의 사회적 과정이라는 틀 속에서 파악하고자 하였다(이종호, 2013: 14).

1. 두 도시의 관계

서울과 평양은 중심성, 대표성, 상징성 측면에서 두 체제의 대표적인 도시이다. 비무장지대를 사이에 둔 대조적인 두 도시는 각각의 항목에 대해 대립적이지만 상보적인 성격을 지니고 있다. 지난 60년간 세계적으로 가장 대조적인 성격을 지닌 두 도시가 서로를 의식하면서 마주보고 존재한다는 것은 유례가 없는 사례라 할 것이다. 이런 점에서 서울과 평양은 하나의 쌍으로 존재하는 인류 도시문화 유산이라 할 수 있다.
두 도시가 지닌 속성은 상호에게 보낸 과시의 속성을 지닌다고 할 수 있다. 두 도시는 사실 끊임없이 서로를 의식하면서 발전해왔다(이종호, 2013: 16). 실제 두 도시에는 대립하면서 경쟁하는 두 체제가 만들어낸 과시성 도시구조와 시설물이 산재되어 있다. 우선, 평양에는 일찍부터 지하철이 건설되었으며, 대동강 정비사업과 대형광장 건설 등이 남쪽을 의식해서 추진되었다.
반면, 서울에서는 초고층빌딩과 아파트군, 대규모 경기장 등이 북쪽을 의식해서 건설되었다. 여의도광장이 평양광장을 의식해서 조성되었다거나 삼일빌딩이 북한의 고층빌딩을 의식해서 건설되었다는 것은 이러한 경쟁체제가 어떤 결과를 나타내는가를 보여주고 있다.

2. 차이의 요소

서울과 평양의 차이는 도시의 성격, 성장과정, 성장방식, 공간영역의 구성 등에서 대조적인 특성을 지니고 있다. 서울이 국가주도의 재벌지원형 자본주의가 집약적으로 표현된 도시의 성격을 지니면서 발전해왔다면, 평양은 교조적 사회주의 도시를 계획적으로 건설한 결과물이다. 서울의 발전과정은 한국경제를 선도하면서 압축적인 성장과정을 거친 반면, 평양은 대표적인 도시로서 북한의 자원과 인력을 총력적으로 투입하여 집약적으로 발전하였다. 서울의 도시가 민간부문에 의해 자발적으로 형성되었다는 점에서 상향식bottom-up 개발의 특성이 있다면, 평양은 사회주의 모범도시로서 하향식top-down 개발방식을 통해 계획적으로 건설되었다. 다만 서울의 경우도 영동지역이나 목동, 상계동 등은 중앙정부나 서울시가 계획적으로 건설하였다는 점에서 하향식 개발이 병행되었다. 서울의 공간영역은 사적 영역이 집적되어 있고 공공영역은 과소하게 공급되어 있는 반면, 평양은 공적 영역이 집중적으로 건설되어 있어서 공공영역이 과도하게 지배하는 도시이다.

도시의 특성을 비교해 보면, 서울이 망각의 도시라면 평양은 기념의 도시이다. 서울의 도시형성이 분자적, 분열적, 유목적 특성을 지닌다면 평양은 물적, 편집적, 정주적 특성을 지닌다. 서울의 도시조직이 격자적 혼돈이 특성이라면 평양은 바로크적 질서를 보여주고 있다. 서울의 기원이 한양성이라면 평양의 기원은 평양성이다. 친수성 측면에서는 서울은 한강을 기반으로 하고 있음에도 강변도로와 둔치로 주거지역과 차단되어 있지만, 평양은 대동강을 기반으로 대동문과 을밀대 등 친수공간이 잘 발달되어 있다(이종호, 2012).

서울과 평양의 구조적 특성 이해

서울		평양
(천민적) 자본주의 도시	도시성격	(교조적) 사회주의 도시
압축성장	성장과정	집약성장
Bottom-up	성장방식	Top-down
사적 영역의 집합 과소 공공영역	공간영역의 구성	공적 영역의 집합 과잉 공공영역
망각의 도시	기억	기념의 도시
분자적, 분열,유목, 기관, 아나키	생성체계	물적, 편집, 정주, 신체, 전제국가, 장치 홈페인
격자적 혼돈	조직	바로크적 질서
한양성	기원	평양성
한강 차단-강변도로와 둔치	친수	대동강 대동문 을밀대, 친수공간

출처: 이종호, 『평양이 서울에게, 서울이 평양에게』, 메모(2012.1.11.)

서울과 평양에서 공공영역의 상보성에 대한 비교 연구

서울과 평양의 상보성에 관한 연구에서 가장 상징적이며 선구적인 연구는 이종호의 「두 도시 공공영역의 상보성」이다. 이 논문은 『평양이 서울에게, 서울이 평양에게』라는 연구보고서의 총론격의 글이자 서론에 해당하는 글이다.

1. 연구의 범위와 방법

이 논문은 평양과 서울이라는 두 도시가 가진 공공영역을 대상으로 설정하고 일상에 대한 지도그리기mapping를 통한 미시적, 귀납적 접근방법을 활용하여 경제, 정치를 포함한 도시적 생활을 이해하고자 하였다. 구체적이고 물리적이며 왜곡되지 않은 현실을 보여주는 시각자료와 GIS자료를 활용하여 평양의 물리적 환경을 관찰하고 그것들을 동일한 요소에 따라 서울에 대해서도 적용하고자 하였다. 서울과 평양에 대해 똑같이 확보할 수 있는 자료에 제한하여 지도그리기를 통해 두 도시에 대한 비교연구를 시도한 것이다.

자료 확보가 제한적인 가운데 객관성을 검증받을 수 있는 자료를 확보함으로써 각 도시가 지닌 일상을 있는 그대로 소개하고 비교하여 해석하고자 하였다. 소설가 박태원의 『소설가 구보씨의 일일』과 같이 일상을 통해 매일 접하는 도시의 구조와 차원을 이해하는 형태를 취하고자 하였다.

연구의 기본적인 시각은 자본주의 도시와 사회주의 도시 사이의 공간적 변증법을 활용, 두 도시가 가지고 있는 공간적 내부 모순들을 도출하여 의도적으로 비교함으로써 두 도시의 속성을 해석하고 이해하고자 하였다. 이종호는 '모든 것은 그것과 정반대의 것을 품고 있다'는 마르크스의 명언을 연구를 통해 도출하고자 하였다. 이 방법론은 서울과 평양이 지닌 물리적 환경의 차이를 객관적으로 비교하고자 한 것으로 남한이 상수이고 북한이 변수인 기존 연구방식을 극복하고자 하였다.

2. 평양과 서울에서 공공영역의 의미

공공영역이란 사적 영역이 담당하지 못하지만 현대 도시 공동체가 여전히 필요로 하는 도시구성원 사이의 도시적 관계를 만들어낼 수 있는 영역을 의미한다. 여기에는 세 가치 차원이 존재한다.

우선, 도시의 공공영역은 그 도시의 공동 이상이 반영되고자 하는 가치의 영역을 반영한다. 둘째, 도시 내의 사적 생활들 사이에 공동의 삶을 존재하게 만드는 중재의 영역이다. 셋째는 현대도시의 활력을 만들고 유지시키는 생성의 영역이다(이종호, 2013: 17-19).

평양과 서울의 공공영역을 살펴보면, 평양은 사회주의 도시강령에 입각한 사회주의 도시를 만들기 이전에 산과 강이 기본적 구조를 형성하고 있었다. 평양계획은 단위블럭의 규정과 배치에서 사회주의 이념이 반영되었을 뿐이다. 반면, 서울은 주례고공기 이전에 산과 강이 기본적인 구조를 형성하고 있었다. 이후 도시형성은 기본 형국 위에 유연한 대응, 미세한 변화를 거친 것에 불과하다.

평양의 공공영역은 가로망의 결절점이 핵심적인 공공영역을 구성하고 있으며, 사회주의의 각종 기념의 장소로서 시각적 경관을 중시한다. 장소를 과도하게 지배하여 일상생활이 배제되는 특성이 있는 반면, 공공영역이 교조적 사회주의의 이상을 과시하고 있다. 김일성광장, 주체사상탑, 인민학습당 등이 대표적이다.

반면, 공공영역이 일상생활과 연계되는 중재의 영역으로서의 기능은 제한적이다. 보통강과 대동강변, 모란동 구역 유원지가 대표적이다. 결절점을 잇는 네트워크성이 부족하고 생성의 잠재력 또한 부족하다. 공공영역이 균등하게 분포되어 있고 풍부한 녹지로 구성되어 있다는 점, 생산과 주거가 생활권 단위에서 공존하고 있다는 점은 평양도시계획이 갖는 대표적인 특성일 뿐만 아니라 도시의 지속가능성의 잠재력을 보여주는 사례이다. 이 점은 서울에 상보적인 특성을 지닌다.
서울의 공공영역은 한국전쟁 이후 급격한 도시팽창으로 계획과 통제가 불가능한 상태에서 형성되었다. 공공영역은 사적 영역에 의해 점유되거나 축소되었다. 공공영역은 일상생활에 지배되었거나 상업적 기회에 포획되었다. 민자역사가 대표적이다. 월드컵을 통해 공공영역의 중요성을 인지하고 공공영역을 조성하려 했지만 도시미화운동 수준에 머물고 있다. 도심에 집중된 광장으로는 한계가 있고, 권역별 부도심과 역세권에서도 공공영역의 중재 기능이 부재하다. 주변의 산과 강이라는 공공영역이 부족한 공공영역을 보충하고 있다. 서울의 도시 구조, 토지이용은 착종적이다. 서울형 블록의 활력은 창발성의 잠재력을 지니고 있다. 이점은 평양에 상보적인 특성을 지닌다.

3. 국가장례식을 통해 보는 평양과 서울의 공공영역

국가장례식은 그 사회 내에서 공감을 권유하거나 강요하는 의식이며, 장례공간도 도시에서 가장 의미있고 중요한 공간들로 구성되어 있다. 따라서 장례가 진행되는 빈소, 운구행렬, 영결식, 안장식을 통해 주요 공공영역을 확인할 수 있다. 남북한에서 가장 유사한 시기에 거행된 국가장례식으로는 2011년 12월 29일에 거행된 김정일 장례식과 2009년 8월 23일에 거행된 김대중 장례식이 있다.

이종호의 연구에서는 두 장례식에서 장례 이동경로를 소개하고 주요 공공영역의 의미를 비교하고 해석하고 있다. 두 도시에서 핵심적인 공공영역을 한 눈에 비교할 수 있도록 양면에 걸쳐 그림과 글자 수를 맞추어 편집하였다.

비교의 대상이 된 주요 공공영역으로는 평양 만수대 의사당 광장과 서울 여의도 국회광장, 평양 김일성 광장과 서울 광화문 광장, 평양역 광장과 서울역 광장, 평양 대동강변과 서울 한강변, 평양대극장 광장과 서울시청 광장이 있다. 이들 공공영역은 서로 다른 목적으로 건설되고 운영되고 있지만, 실제로는 유사한 의미로 도시와 주민들의 의식 속에 존재하고 있다고 본 것이다. 이러한 유사한 의식과 활용이 두 도시에서 진행된 국가장례식 이동 경로와 의식을 통해 확인할 수 있다고 본 것이다.

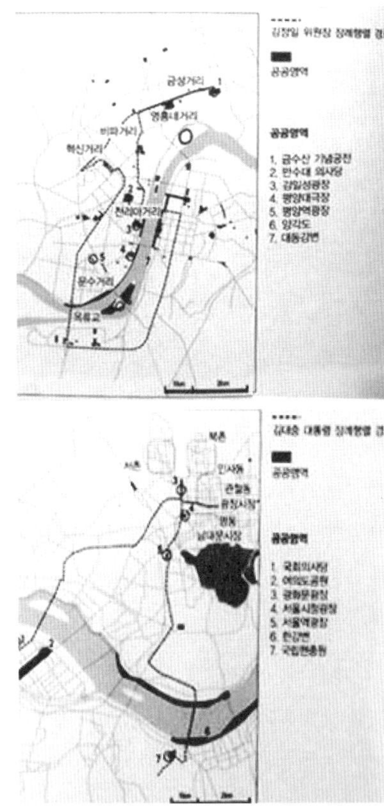

평양과 서울의 국가장례식 경로 비교

4. 두 도시가 서로에게 주는 함의

이종호는 두 도시의 상보성 연구를 통해 서로에게 중요한 가치와 함의를 제공해 줄 수 있다고 보았다. 평양이 서울에게 줄 수 있는 가장 중요한 가치는 도시의 지속가능성이다. 평양의 공공영역은 전체화된 욕망이 지배하는 영역으로 체제가 요구하는 공적인 삶으로 충만되어 있다. 그러나 통로, 결절점, 넓은 광장, 랜드마크 등 도시의 규범이 잘 적용되어 있으며 규범의 공간이 생활권단위, 풍부한 녹지와 강과

평양 | 만수대 언덕

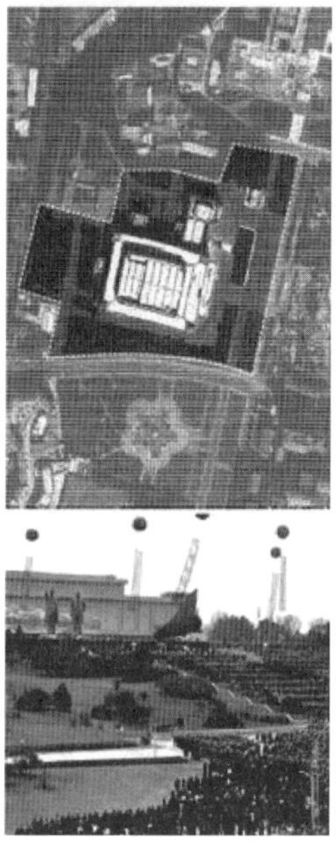

과거 평양성 내성의 중심영역이며 지형적 조건 때문에 훌륭한 입체적 경관이 구성될 수 있는 공공영역. 현재는 과도한 상징들이 점유하고 있는 영역.

서울 | 여의도 국회 광장

건물 군으로 둘러싸여 있고 장차 도시 공공영역으로 개선될 잠재력이 매우 높은 평활한 영역. 현재는 경관 녹지로만 남아있는 영역.

주요 도시 공공영역의 비교

평양 | 대동강 변

하류 보에 의해 수면이 유지/관리되고 있는 영역. 강의 폭이 한강의 이분의 일 정도이며 도시로부터의 접근이 비교적 용이한 공공영역.

서울 | 한강 변

하류 보에 의해 수면이 유지/관리되고 있는 영역. 강의 폭이 대동강의 두 배 정도이며 강변도로로 인해 제한적인 공공영역.

잘 연계되어 있다. 도시의 지속가능성 측면에서 평양의 도시구조나 녹지체계 등은 그동안 압축적인 성장으로 지속가능성이 파괴된 서울에서 소중하게 활용해야 할 가치로 받아들여야 한다.

반면, 서울이 평양에게 제공할 수 있는 가장 중요한 가치는 도시의 창발성이다. 자본주의 도시는 욕망의 집합체로서 그동안 공공의 영역은 상업적 기획에 의해 잠식되어 왔으며, 서울은 공공영역이 가장 극단적으로 상업화된 도시이다. 그러나 서울의 공공영역은 상업적 영역과 착종되면서 새로운 잠재력으로 작용하고 있다. 서울을 위해서나 평양의 미래를 위해서나 창발의 잠재력은 잘 읽혀지고 공유되며 마침내 발현되는 모습으로 만들어가야 한다(이종호, 2013: 38-43).

학제적 상보성 연구를 위한 열정과 아쉬움

최근 유행처럼 평양과 북한에 관한 수많은 연구가 쏟아지고 있는 가운데 『평양이 서울에게, 서울이 평양에게』는 작은 연구보고서에 불과할 수 있다. 그러나 이 연구보고서는 평양과 서울 간의 상보성이라는 관점에서 시도한 연구이기 때문에 특별한 의미를 지니고 있다. 떨어져서 별개로 존재하는 것이 아니라 사실상 의식을 하면서 함께 성장해왔으며, 서로 대립하며 경쟁하는 것이 아니라 실제로는 서로를 통해 배우는 상보적인 관계에 있음을 보여주고자 했기 때문이다.

이 연구를 주도한 이종호는 항상 새로운 관점에서 공간을 해석하고 실행방안을 도출하는 데 특별한 능력을 지닌 사람이다. 특히 공간과 사회, 과거와 현재, 물리적인 구조물과 인간 활동과 같이 대립하고 상충하는 것들 속에서 대화와 소통의 의미를 찾고자 노력해왔다. 그러기에 힘과 정당성을 통해 바라보고자 했던 통일과 북한의 문제를 사람과 도시라는 관점에서 새롭게 조망하자고 주장할 수 있었다.

이 연구에서는 평양과 서울의 구조와 특성, 그 속에 사는 사람들의 의식과 활동을 균형있는 시각으로 바라보고자 했다. 극단적으로 다른 도시에게 하나를 강요하지 않고 있는 그대로의 모습을 관찰하고 핵심요소를 도출함으로써 서로에게 필요한 요소를 제시하고자 한 것이다. 틀린 것을 찾아서 고치는 것이 아니라 다르다는 것을 확인해서 공유할 수 있고 공존할 수 있는 것을 찾아보자는 것이다.

이종호가 제안해서 서울과 평양에 대해 시도한 상보성 연구는 두 도시에 한정할 것이 아니라 여러 도시로 확장하고 나아가 남한과 북한의 국토공간구조에 대해서도 적용해볼 필요가 있다. 남북한의 행정구역, 고속도로나 공항과 같은 사회간접자본, 국가적인 개발사업이나 대규모 국제행사 준비 등에서 두 체제가 서로를 어떻게 의식하면서 대응해왔는가를 확인해볼 필요가 있다.

그러나 상보성에 관한 학제적 연구에서 가장 중요한 것은 다양한 주제와 이념, 전문가들을 하나로 연결해주는 중재자의 역할이다. 이종호는 이러한 역할을 가장 잘 해냈으며 달리 대체할 수 있는 학자를 찾기도 어렵다. 지금쯤 평양과 서울의 연구를 넘어 통일과 북한, 아니면 서울에서 대립되고 상충되는 또 다른 문제를 꺼내들고 전문가들을 모아 공존하고 상생하는 방안을 찾아내자고 다그쳤을텐데, 이제는 그의 공백이 너무 아쉽다.

평양과 서울 비교 연구

변창흠

세종대학교 행정학과 교수. 현재 서울특별시 SH공사 사장으로 일하고 있기도 하다. 서울대학교 경제학과를 졸업하고 같은 대학교 환경대학원에서 도시계획학 석사와 행정학 박사를 받았다. 지속가능한 도시 만들기와 서민들의 주거안정을 위한 정책방안과 실행을 중심으로 연구와 실천활동을 하고 있다. SH공사 선임연구원과 서울연구원 부연구위원을 지냈으며, 환경정의 토지정의센터장, 인간도시 컨센서스 운영위원장, 한국도시연구소장을 역임하였다. 저서로는『도시와 권리』(라움, 2012)와『저성장시대의 도시정책』(한울아카데미, 2011),『위기의 부동산』(후머니타스, 2009),『토지문제의 새로운 이해』(박영사, 2006)(이상 공저) 등이 있다.

건축가 이종호의 공공연구 프로젝트

한강변 대안 신도시 모형 연구

김성우

Hyperpolis
한강변 대안 신도시 모형 연구

건축가 이종호의
공공연구 프로젝트 :
김성우

프롤로그

내가 이종호를 처음 만난 것은 2003년 막 네덜란드 유학을 마치고 돌아와서 참여했던 서울건축학교 새만금 워크숍 때였다. 그와 직접 대화를 나누었던 기억은 얼마 없는데 여러 팀의 발표가 있던 날 의자에 앉아서 뚫어지게 프로젝트들을 살펴보던 모습이 기억난다. 그 뒤 한참 시간이 지나고 건축 사무실에 취직해서 프로젝트에 파묻혀 지내던 어느 날 갑자기 그가 전화를 한 통 주었다. 한국예술종합학교 전문사 과정 설계스튜디오를 맡아줄 수 있겠냐는 짧은 대화가 오고가고, 이후에 대학로의 한 솥밥집에서 이종호와 김태형을 같이 만나게 되었다. 그때부터 2014년 초까지 한국예술종합학교 전문사 설계스튜디오를 진행하면서 5년 동안 이종호의 건축가로서의 마지막 작업들을 바로 곁에서 지켜볼 수 있었다.

2010년에는 한예종 건축과 전문사 과정 학생들과 2005년부터 5년간 진행하였던 도시 리서치의 마지막 작업으로 서울 주변의 외곽순환도로와 연계된 신도시들에 대한 수업을 진행하고 있었다. 그때 마침 한예종의 도시건축연구소가 한강변 김포신도시 맞은편의 JDS(장항, 대화, 송포, 송산동의 약자)지구에 대안적 신도시 모형을 구상하는 작업을 경기도시공사에서 수주하여 이종호와 김태형, 그리고 전문사 학생들과 함께 <Hyperpolis - 한강변 대안 신도시 모형 연구>를 약 6개월간 같이 진행하게 되었다. 이 연구 프로젝트는 한예종 건축과 전문사 과정에서 2005년부터 진행해 온 도시건축 연구를 통해 발견한 실험적 도시이론들을 실제 대지에 적용해 볼 아주 좋은 기회였다.

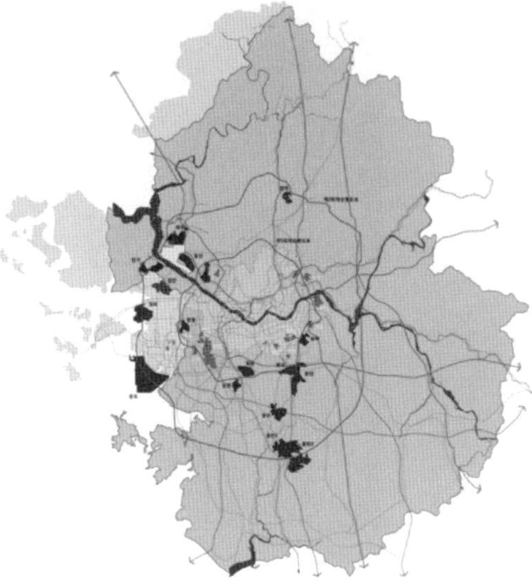
하이퍼폴리스

2010년 당시 이종호는 5년간의 서울 도시 리서치에서 얻은 우리나라의 독특한 도시문화·현상을 '하이퍼폴리스 Hyperpolis'라는 단어로 정의 내리고 개념들을 정립하고 있었는데, 그의 곁에서 연구와 수업을 진행하던 내게도 '하이퍼폴리스'의 정의가 명확하게 전달되지는 않았다. 수업시간 전후로 잠깐씩 미팅이 있을 때마다 그가 질문을 던지면 생각나는 사례나 이론들에 대해서 토론하곤 하였는데, 그도 하이퍼폴리스라는 단어에 대해서 섣불리 정의를 내리기보다는 여러 이론들을 참조하면서 풍부한 도시 리서치를 통해 실천적 대안들을 찾아가면서 개념을 구체화하던 시기였던 것 같다. Hyperpolis - 한강변 대안 신도시 모형 연구도 이런 맥락에서 어떤 완결된 도시 모형을 제안하기보다는 다양한 도시 모형들의 가능성을 열어두고 한강변 대지의 잠재성을 이끌어내기 위한 여러 화두를 펼쳐놓는 것에 더 큰 목적이 있었다.

실제 도시를 계획하고 만든다는 것이 처음 예상했던 것보다 훨씬 방대한 리서치 작업과 풀어야 할 숙제가 많고 이론만으로 극복되지 못하는 여러 문제점들이 산재해 있다는 것을 깨닫게 되었지만, 이 프로젝트를 통해서 이종호가 품고 있었던 여러 도시·건축적 개념들이 조금이나마 구체화되고 논의될 수 있는 결과물로 만들어지고 이후 전문사 설계스튜디오나 한예종 도시건축연구소에서 진행한 후속 연구들에서는 보다 더 실천 가능한 이론에 초점을 맞추는 계기가 되었다는 점에서 큰 의의가 있다.

연구는 크게 세 단계로 진행됐다. 첫째, 지금까지 한국 도시공간의 전개 과정 및 도시계획 프로젝트에 대한 분석. 둘째, 구상을 위한 다양한 질문과 전제들. 마지막으로 구상안의 제안이다. 이 세 단계를 따라가면서 도시건축에 대한 이종호의 당시 생각들을 살펴보기로 하겠다.

한국 도시공간의 현황 및 전개 과정 연구와 새로운 논의들

연구팀은 한강변 대안 신도시의 새로운 도시모형을 제안하기 이전에 우리나라의 도시개발의 역사와 과정, 도시프로젝트에 대한 정리를 선 진행하였다.

1) 근대 이행의 시기(~1945)

이 시기는 미성숙 식민세력에 의해 전통적 도시구조가 훼손되고 근대 도시기능의 비계획적 배치와 적용 가능한 도시-건축유형 생성이 실패되던 혼잡한 도시계획의 시기로 분류하였다.

2) 해방과 전후 복구의 시기(1945~1950)

환국, 전쟁 등으로 인구와 자원의 대규모 이동이 발생하고 고용 기반과 무관한 도시화 및 슬럼의 확대, 전국적 가도시화(체계를 갖춘 도시가 아닌 '시골'들의 집합)가 진행되던 시기이다.

3) 국토, 경제 '계획'의 시기(1960년대)

경제개발계획, 국토계획 등의 계획이 시도되고 서울의 확장, 고속도로의 건설, 공단 등을 포함한 산업, 업무, 주거, 위락 등의 근대도시 기능을 배치하던 시기이다.
주요 도시계획 프로젝트로 새서울 백지계획(박병주, 1966), 여의도 계획(김수근, 1969) 등이 있다.

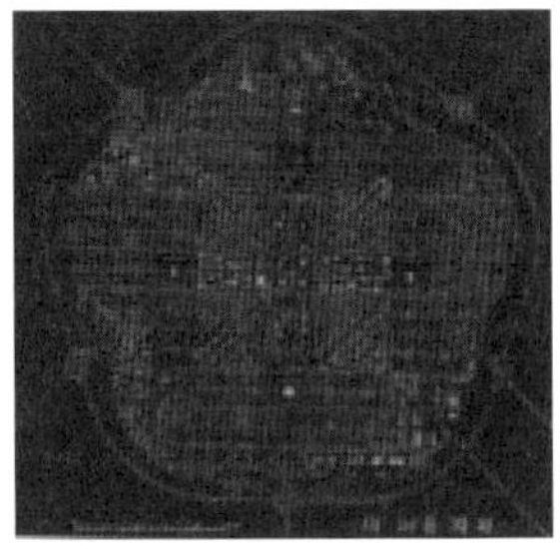
새서울 백지 계획

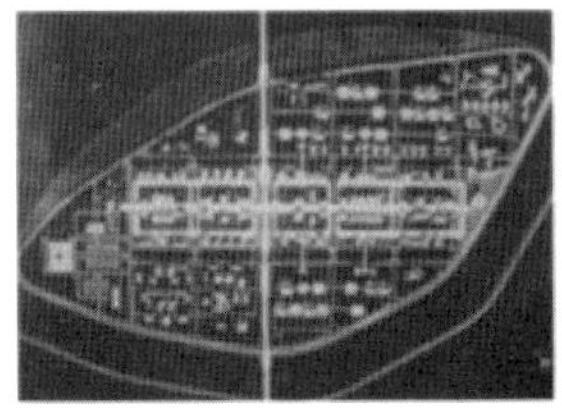
김수근의 여의도 계획

4) 고도 압축성장의 시기(1970년대)

거점 성장 전략에 따른 지나친 도시 집중과 도시의 확산, 이농 확대와 도농 간, 지역 간 불균형 및 격차 심화, 도시적 생활에 대한 상상과 대응이 부재하던 시기이다.
주요 도시계획 프로젝트로 창원계획(나상기·박병주, 1974), 잠실개발계획(박병주, 1974), 신행정수도 백지계획(강홍빈, 1977) 등이 있다.

5) 조절의 시기(1980년대)

수도권 정비, 지역균형개발 등 수도권 과밀에 대한 대응이 시작되었고 주택, 의료, 교육 등의 도시 생활환경을 개선하려는 인식이 확대되고 삶의 질 향상 욕구가 증가됨과 동시에 부동산 가치가 폭등하던 시기이다.
주요 도시계획 프로젝트로 대학로 도시설계(강병기, 1981), 분당·일산계획(안건혁, 1989), 산본계획(주공, 1989) 등이 있다.

6) 고도 도시화 및 연계의 시기(1990년대 이후)

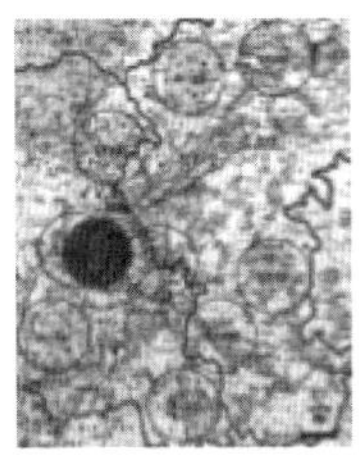
신행정수도 백지 계획

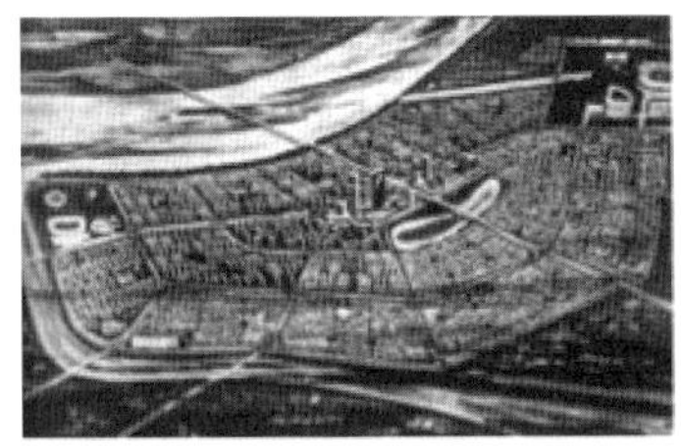
잠실 개발계획

공간의 질적 개선 욕구가 증가하고, 공간 조성 과정에 대한 참여가 확산되어 도시공간에 대한 인식이 변화하던 시기이다. 지방자치시대에 따른 장소 만들기가 경쟁적으로 시작되었으며 유동인구 역시 증대되었다. 문화도시 논의를 통한 도시가치 상승과 창조도시 형성을 통한 대체 산업을 모색하는 등 탈산업화 시대에 대한 대응 요구가 증대되었다.
주요 도시계획 프로젝트로 파주 출판단지(민현식·승효상 외, 2000), 헤이리 아트밸리(단지계획·김홍규, 건축지침·김종규, 2002), 행복도시(안건혁, 2006), 동탄신도시(안건혁, 2007) 등이 있다.

이처럼 짧은 기간 동안 극적으로 변화해 온 한국 도시의 전개 과정을 살펴보면서 이종호는 더 진보된 논의의 확장을 위해 다음 여덟 가지 이슈를 주요 연구 과제로 설정하였는데 이것이 후에 나오는 '하이퍼폴리스 구상'의 기초 개념이 된다.

- 도시계획, 통치에서 협치로 _ 무수히 많은 계층의 사람들이 지닌 다양한 견해와 이해를 조정 및 통합해 나갈 수 있는 협력적 도시계획

일산

분당

산본

헤이리 아트밸리

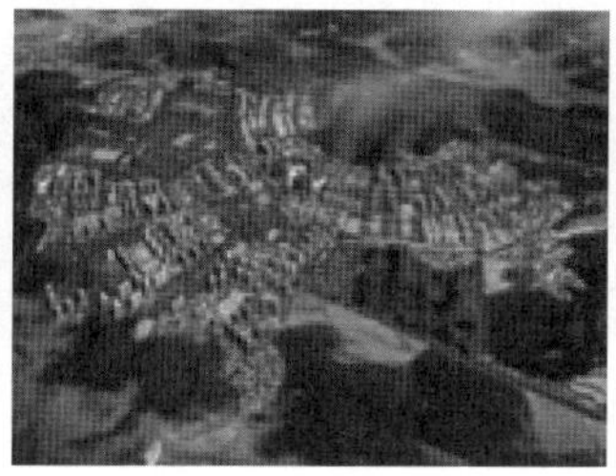
동탄 신도시

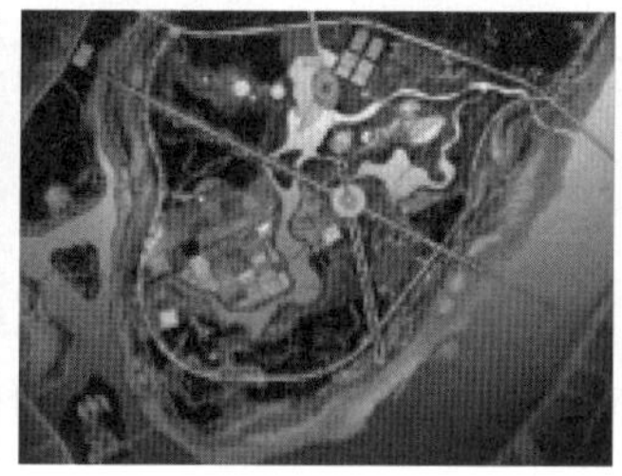
행복도시

파주출판도시

- 도시기능, 분리에서 혼합으로 _ 확정될 수 없으며 많은 변수를 가진 혼성적 생동에 우위를 두는 도시기능
- 도시관리, 미학에서 가치로 _ 과잉된 시각적 관심을 넘어서 약자의 배려, 사회적 통합 등 가치를 중시하는 도시관리
- 도시재생, 개발에서 수복으로 _ 백지 위의 전면적 재개발보다는 기억과 과정의 존중을 통해 삶이 지속되는 도시재생
- 도시공간, 수단에서 삶으로 _ 생산과 교환의 수단을 넘어 삶이 준비되고 향유되는 장소로서의 도시공간
- 도시교통, 녹색 _ 집적화된 도시 공간들을 연결하는 친환경적 공공 교통체계에 의한 도시교통
- 도시문화, 생성 _ 창의조건의 지속적인 생성에 관여되어야 할 도시문화
- 도시 공공영역, 확장과 네트워크 _ 대면적 농경공동체와 달리 중재적 관계의 도시 공동체를 위해 더욱 확보되고 네트워킹되어야 할 도시 공공영역

구상을 위한 질문과 전제들

이종호는 구체적인 계획안 구상에 앞서 몇 가지 질문을 연구자들에게 던졌는데 이 질문들을 통해 그가 당시 도시계획에 대하여 고민하고 있던 이슈들을 짐작해 볼 수 있다.

- 모든 도시들이 자족적일 수 있는가?
주거 수요의 확대가 기존의 1기, 2기 신도시의 성립 조건이었다면 저고용 성장시대가 고용 창출의 가능성을 막는 현 시기에 자족성에 대한 재정의가 필요하다.
- 지역지구제 규정에서 자유로울 수 있는가?
지역지구제로 도시 영역을 규정하지 않고, 서로 다른 영역 간 혼합의 가능성이 있는가? 주거지역의 경우 더 구체적으로 세분화할 가능성은 있는가?
용도에 관한 고정관념에서 벗어날 수 있는가?
- 명사형 용도 구분에 대해서 유효성을 재점검해야 한다. 관습 용어(스카이라인, 일조, 인동간격, 미관지구 등)의 재점검이 필요하다. 지어질 곳과 남겨질 곳, 기능과 생활, 축과 네트워크 등 서로 대치되는 개념들의 혼합과 재정의가 필요하다.

이러한 질문들에 대한 여러 토론 과정을 거쳐서 한강변 신도시에 대하여 다음과 같은 네 가지 전제를 구상하게 되었다.

1) 상호 연계의 도시

경기 서북권 영역들 사이의 상호 연계, 서울로 흡수되지 않기 위한 상호 연계/한강 하구 남과 북 생활의 상호 연계, 강과 연안 사이의 상호 연계

2) 고밀 집적의 도시

거주·업무·휴식·생산 등 도시 기능의 고밀 집적, 수직·수평적 고도 집적·토지 이용의 집적, 생활의 집적

3) 혼성의 도시

용도의 복합·혼성, 공간의 혼성, 순환 체계의 혼성, 창의 생성을 위한 혼성

4) 지속가능의 도시

지형의 존중, 지문landscript의 존중, 자연과 공생하는 도시, 탄소제로도시Zero-emission city

위의 네 가지 전제를 바탕으로 대상지 및 대상지 주변에 대한 세부조사를 구체적으로 진행하고 이를 바탕으로 계획안의 구상을 전개하였다.

구상의 첫 번째 단계 | 한강변 대안신도시 부지(가칭 JDS지구)의 잠재력 발견

이종호와 대화에서 많이 등장했던 단어가 바로 '잠재력'과 '창발'이다. 이 프로젝트뿐만 아니라 다른 연구 프로젝트에서도 많이 사용했던 것으로 기억하는데, 어떤 도시계획 개념을 제안할 때 그는 해당 지역에 관한 세밀한 리서치를 통해 그 대지가 가진 잠재력을 발견하고, 그 잠재력을 끌어내는 실천적 제안으로서 자발적으로 연쇄반응이 일어나는 '창발적'인 도시계획을 만들고자 하였다.

이종호와 연구팀이 본 프로젝트에서 리서치를 통해서 발견한 JDS 지구의 잠재력은 다음과 같다.

1) INFRA _ 제1자유로, 제2자유로

서울과 JDS지구를 연결하는 제1자유로, 제2자유로를 새로운 도시건축의 기회로 보았다. 이를 적극적으로 활용하여 하이 스피드high speed 인프라와 프로그램을 혼합한 선형의 집적도시를 계획하는 것에 대하여 많은 논의를 했다.

2) NATURE _ 습지, 농지

JDS지구는 한강 하구의 습지가 보존되어 있고 넓은 면적의 농지로 활용되는 땅이다. 이를 활용하여 자연과의 공생적 관계의 도시를 구상하고, 신도시 계획 시 토사를 매립하여 인공적인 지형을 만드는 일반적 방식 대신 자연 그대로의 지형을 유지한 채 떠 있는 판들의 중첩을 이용한 플랫폼 도시Platform City를 구상했다. 이렇게 하여 야생적인 자연1st Nature과 기존 농지2nd Nature가 도시공간 사이사이에 유지되어 지속적인 자연의 변화를 통한 새로운 도시경관을 창출할 수 있을 것이라 생각했다.

3) PHASE _ 적은 수요에 대한 대응

완결된 도시공간을 예측하고 만들어내는 기존의 도시개발 방식을 버리고, 순환하는 변화에 대응하는 시간과 함께 생성되는 도시를 구상하였다. 성격이 다양한 도심

을 순차적으로 개발하고 녹색 네트워크green network로 묶어내는 방식을 활용하여 일시적이고 과도한 투자를 통한 개발이 아닌 사회적 수요에 따른 순차적인 공급이 이루어질 수 있는 시장 상황에 피드백이 가능한 단계적 개발 방식을 도입하는 것에 대하여 가능성을 보았다.

4) ISLAND _ 네트워크화된 노드들의 확장

기존 1기, 2기 신도시가 만들어질 당시의 폭발적인 수요가 더 이상 존재하지 않는 현재 상황에서 거대한 도심과 배후 주거지로 구성되는 일반적 도시계획 방식을 버리고 개성이 강한 소규모의 집합적 섬들이 네트워크로 상호 연계되면서 대지를 점유하는 방식을 취하고자 하였다. 이를 통하여 다양한 경제적 집단들의 요구를 선택적으로 충족시켜 줄 수 있고, 각각의 섬들은 독자적 개발과 운용이 가능하기에 적은 자본으로 복합·혼성·다양성을 갖춘 도시 네트워크를 구축할 수 있을 것으로 보았다.

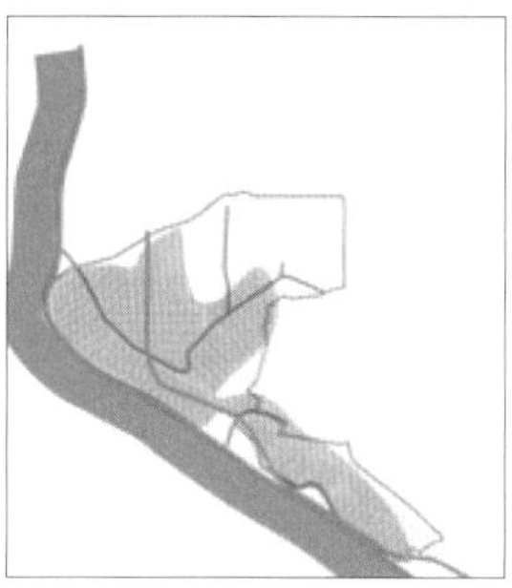
논의 잠재력과 활용

구상의 두 번째 단계 | 잠재력을 이끌어내기 위한 세부 전략들

JDS지구의 잠재력들을 찾은 이후, 연구팀은 보다 구체적인 전략들을 수립하게 된다.

1) 새로운 전원도시

JDS지구의 기존 농지를 활용하여 제2의 자연이자 인공습지로서의 논의 잠재력을 활용하고 자연과의 공생적 도시를 상상하였다. 낮은 밀도의 스프롤된 전원도시의 풍경이 아니라 유보지로서의 자연을 확보한 고밀도의 집적도시를 구상하여 도시적 풍경과 전원의 풍경이 공존하는 새로운 고밀 전원도시의 모형을 제안하고자 했다.

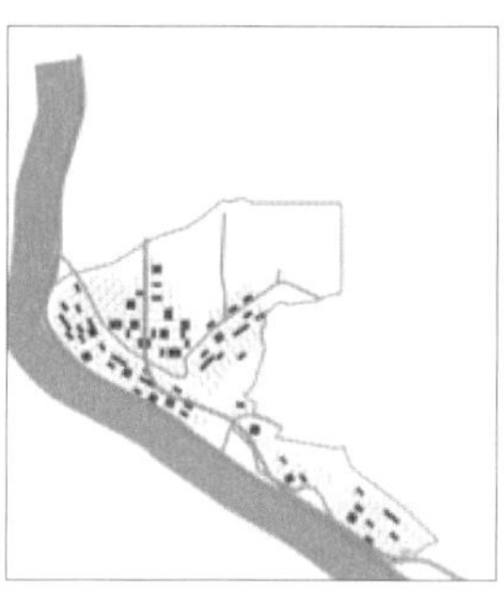
고밀 전원주거

2) 지형을 이용한 떠 있는 판

토사를 매립한 인공대지가 아닌 자연 그대로의 지형을 이용하고 프로그램을 담은 떠 있는 판을 구상하였다. 다양한 지형 조건에 대응하는 여러 타입의 판과 프로그램에 대하여 연구하였으며 지형, 랜드스케이프, 프로그램, 동선이 결합된 시스템을 연구하였다.

3) 인프라 도시

제1, 제2자유로를 새로운 도시건축의 기회로 전환하여 길과 프로그램을 혼합하고 속도와 결합된 도시프로그램을 제안하여 인프라를 기반에 둔 선형 집적도시를 구상하였다. 선형의 집적도시는 인프라와 도시가 만나는 인터체인지의 형상을 따라 변화하거나 한강을 사이에 두고 김포와 고양 파주 두 지역의 생활을 소통시키는 교량도시로 변형될 수 있다. 이를 통해서 한강 하류지역의 새로운 유형의 랜드마크를 구상해 보았다.

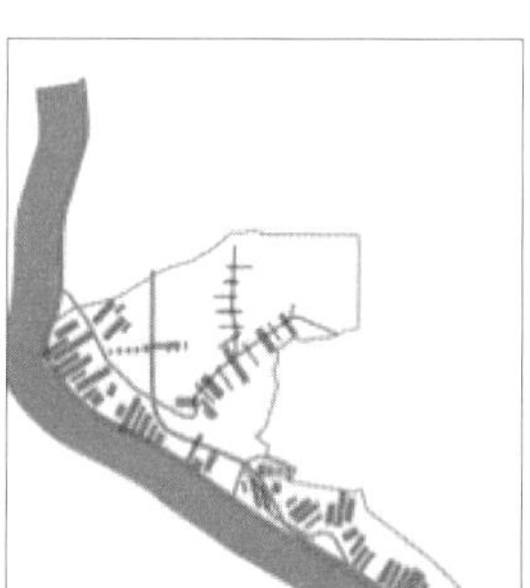
programmed mat

4) 새로운 도시계획 자원으로서 물의 활용

지형, 프로그램과 결합된 친수, 치수, 이수공간을 만들어 물과 함께 변화하는 풍경의 도시를 구상하였다. 인공습지로서의 논의 잠재력을 활용하고 지형, 조경, 프로그램과 결합된 홍수 저류조를 구축하며 수변공

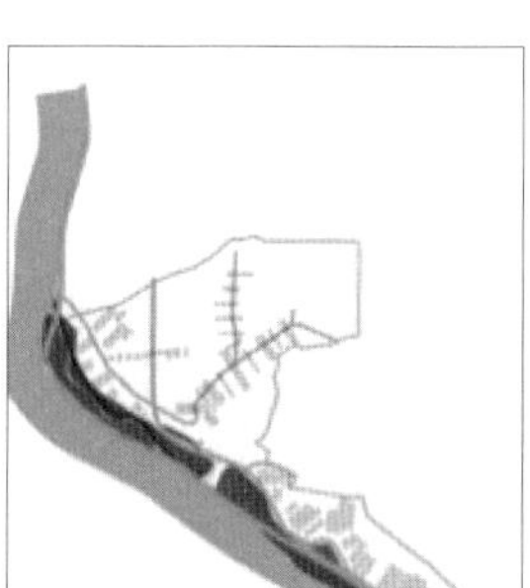
hybrid landscape

원으로 활용하여 새로운 개념의 홍수 조절 및 제방의 개념을 도입하고자 했다.

5) 자족도시

장소들의 상호 연계와 혼성을 통한 가변적 도시조직을 구성하여 상호 연계 혼합을 통한 진화가 가능한 새로운 개념의 도시계획 기법을 구상하였다. 이를 통하여 흩어진 도시영역의 통합과 조정을 꾀하고 사회의 변화에 대응하는, 시간과 함께 흐르는 도시를 만들고자 하였다.

구상의 세 번째 단계 _ 구상의 실현

한강 하이퍼폴리스 대안 도시는 일의적 의미의 기능적 도시를 넘어 다양한 의미의 생성의 도시를 지향한다. 주어진 지형 조건과 자원 등의 잠재력을 고려할 때 다음과 같은 다양한 도시 모형의 가능성을 갖는다. 다음은 도시의 밀도와 프로그램을 대입하여 실제 3차원 모형으로 구체화시킨 이미지들이다.

1) FLOATING(MAT) CITY + ECO FARM

떠 있는 플랫폼 위에 고밀도의 프로그램을 응축시켜 도시를 만들고, 주변에 남겨진 기존 농지는 제2의 자연으로서 미래를 위한 유보지로 남겨둔다.

2) INFRA CITY

인프라 시설을 도시의 방해물이 아닌 새로운 도시건축의 기회로 전환하여 도시 프로그램과 결합을 시도하였다.

3) BRIDGE CITY

한강을 사이에 두고 김포와 고양·파주 두 지역의 생활을 소통시키는 교량도시를 구상하였다. 교량의 위치에서 얻을 수 있는 강의 흐름과 직교 방향의 독특한 조망을 확보함과 동시에 강 가까이 접근 가능한 친수 동선을 마련하여 한강 하류의 새로운 랜드마크를 만들고자 하였다.

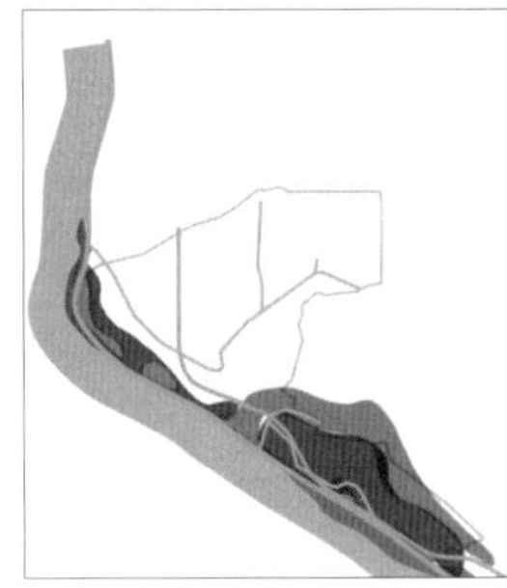
room for the water

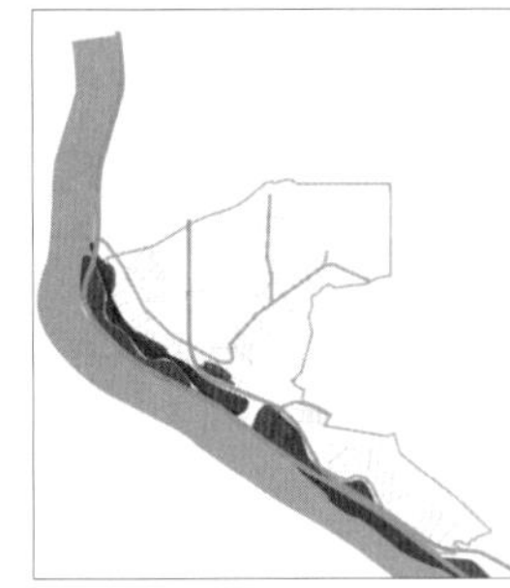
inhabitable threshold

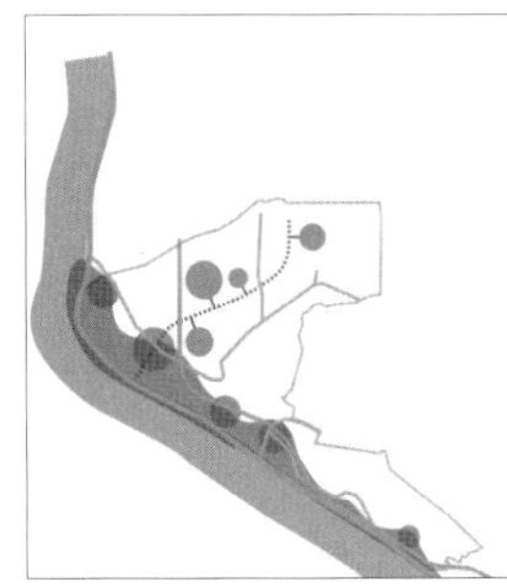
sponge park

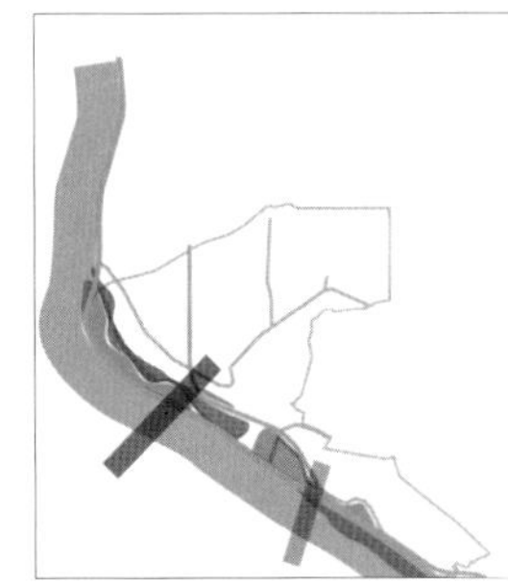
bridge city

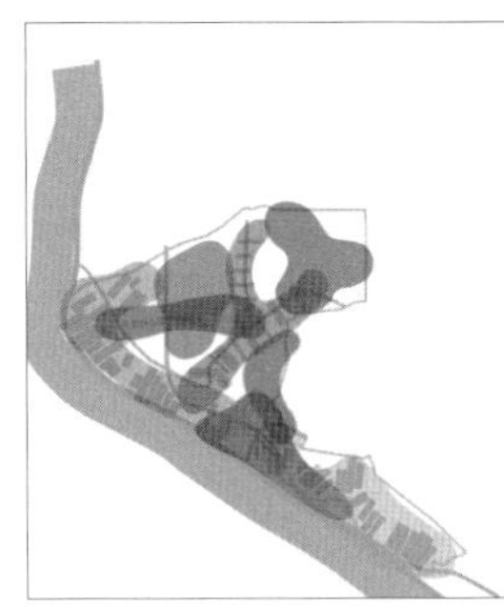
evolutionary zoning

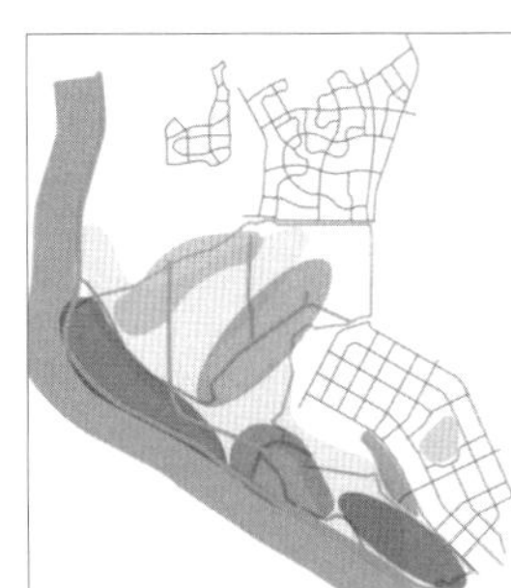
단계적 개발 전략

floating(mat) city + eco farm

infra city

bridge city

water city

wetland city

5) WATER CITY

JDS지역의 과거 물길을 복원하고 단순한 시각적 경관으로서의 물의 활용을 넘어서 정화와 치유의 수변도시를 구현하고자 하였다.

6) WETLAND CITY

장항 습지, 대화 하수처리장, 일산 킨텍스, 한류우드의 외부공간, 일산 호수공원 등을 상호 통합하여 유사자연Pseudo-nature이 아닌 진정한 환경친화도시의 모델을 실현하고자 하였다.

에필로그

하이퍼폴리스라는 단어는 처음 뵈었던 시기부터 이종호가 지속적으로 붙들고 놓지 않았던 개념어이다.

<Hyperpolis - 한강변 대안 신도시 모형 연구>를 살펴보면서 이종호가 우리나라의 도시적 상황을 읽고 그 잠재성을 구체화하는 과정을 통해 자생적인 도시건축 개념을 만들고자 했던 것을 새삼 깨닫는다. 이를 위해서 그는 어느 누구보다 열린 자세로 동시대의 도시 건축적 이론을 접하고 연구하였고 우리나라 도시공간에서 창발적으로 탄생한(혹은 탄생할) 개념들을 구체화하려는 의지를 항상 가지고 있었다. 그리고 그 의지와 연구의 집합적 개념을 'Hyperpolis'라는 단어로 포괄하려 했던 것으로 생각된다.

<Hyperpolis - 한강변 대안 신도시 모형 연구>는 이런 이종호의 의지를 실험하기 위한 재료가 되었다는 점에서 그의 도시건축 연구의 중간 지점을 이해하는 데 도움을 주는 좋은 자료이다. 비교적 짧은 기간에 연구를 진행하는 동안 보다 더 구체적으로 실현 가능한 제안들을 만들기 위한 후속 작업을 논의했지만 아쉽게도 후속 연구는 더 이상 진행하지 못했다.

대신 이 프로젝트 이후에 한예종 건축과 전문사 과정에서 2012년부터 2013년까지 진행한 서울 도심부 을지로 리서치와 이종호가 2013년부터 작고 직전까지 세운상가 연구실에서 진행했던 세운지역 재개발 리서치 등은 한국적 도시현상에 대한 포괄적인 이해와 연구를 바탕으로 이론으로 정립된 하이퍼폴리스의 개념을 실제 구현할 수 있는 실천적 방향으로 진행한 결과물이라 생각된다.

개인적 친분으로 말미암은 상실감을 떠나, 이종호가 한국 도시의 잠재력을 발견하고 그 개념을 구체화하여 실천적 프로젝트로 발전시키고자 했던 지난 십여 년 동안의 모든 노력이 꽃을 피우기 직전에 사라지는 것을 지켜보는 고통은 어떤 말로도 설명할 수 없고 지금도 받아들이기 어렵다.

이종호의 표정과 손짓, 말씀 속에 담겨있던 그 많은 의미들을 전달할 수 없음이 아쉽고, 이런 기회를 통해서나마 그의 의지와 열정, 그리고 그 진실된 노력이 조금이라도 전달될 수 있기를 바랄 뿐이다.

김성우

서울대학교 및 동대학원 졸업 후 네덜란드 베를라헤 인스티튜트(Berlage Institute)에서 건축학 석사를 취득하고 de Architekten Cie., 정림건축, dmp건축 소장을 거쳐 현 엔이이디 건축사사무소 대표로 활동 중이다. 2008년 ENYA(Emerging New York Architect) 공동수상작 〈FishWorks〉, 2013년 김수근 프리뷰상 및 2014 AIA New York Chapter Award 수상작 〈상계동 주거복합 프로젝트〉 등의 건축설계 작업 외에 2010년부터 2014년까지 한국예술종합학교 건축과 전문사 과정 설계스튜디오에서 도시 리서치를 진행하였다.

을지로 연구 II

건축가 이종호의 공공연구 프로젝트

원홍재

잠재성의 기록, 미완의 실천 그리고 지금 여기 2012-2014

건축가 이종호의
공공연구 프로젝트 :
원흥재

창발의 목도(目睹). 한 건축가의 마지막 실천_을지로에서

시놉시스

> hyperpolis는 곧 "창발의 도시"의 다른 이름이라는 가정 하에 서울이 보여주는 독특한 현상들을 수집하고 표현하여 자신의 과제를 구성해 나가는 것을 목표로 한다....(중략)... 대상은 을지로를 중심으로 한 영역이다. 이 영역 속의 조직, 현상, 구축물, 산업들을 살펴보며 그것들 사이의 가시적, 비가시적 네트워크가 보여주는 '창발/생성'의 현상들을 찾아내고 구체화하는 방법들을 찾아본다. _ GSUA studio synopsis 중, 이종호, 2012.3

을지로 연구 프로젝트는 2012년과 2013년, 두 해에 걸쳐 한예종 건축과 전문사 과정의 설계스튜디오 과정으로 진행되었으며, 시기적으로는 이종호가 참여한 마지막 공공연구이다.

세운상가와 그 일대에서 전 시대에 행해졌던 대규모 재개발 방식이 전진과 후퇴, 답보상태를 반복하는 상황에서 무비판적으로 사라질 수 있는 을지로에 내재된 생활문화와 도시산업의 잠재적 가치들을 관찰하고 논의하여, 기존의 방식과는 다른 생산적이며 현실적인 도시개발의 해법들을 고민했다. 무엇보다도 이 프로젝트는 이종호의 도시를 바라보는 혜안에 더하여, 더욱 적극적으로 도시에 개입하는 밀도있는 스케일의 건축모형, 그리고 이를 실현시키기 위한 도시·건축·경제·사회 관련 제도의 개선 방향까지 제안되었다. 이로써 그가 가지고 있던 새로운 도시·건축적 사고를 한층 더 구체적으로 설명할 수 있는 의미있는 결과물이라고 생각한다.

프로젝트를 진행할 때 우리들의 일관적인 자세는 기존의 도시계획가들이 취하고 있는 거시적이며 물리중심적인 접근방법은 물론이고 을지로를 무대로 생활하고 있는 사람들을 통해 보여지는, 즉 이 지역만이 가지는 특유의 도시사회적 현상까지 미시적 관점으로 탐구하는 것이었다. 학생들은 매주 행해지는 수업에서 이종호와 토론하고, 수개월에 걸친 현장답사를 반복하며 을지로에 내재된 새로운 가능성과 독특한 생활방식, 그리고 낭만적으로만 볼 수 없는 엄연하고 냉정한 현실에 점점 더 다가섰다. 현장에서 보이는 너무나 많은 현상들의 중첩, 그리고 이로 인한 혼란스러움은 <이론과 실천>이라는 연계수업을 통해 다양한 분야의 지식인들의 도움으로 어느 정도 시점이 명확히 정리되고 공유되었다. 특히 '복잡계'라는 굉장히 포괄적인 패러다임으로 현상을 바라보는 일관적인 관점은 필드리서치의 결론부터 이후 학생 개개인의 프로젝트에까지 일관성 있게 드러났다고 본다.

이에 더하여 교수로서 이종호는 언제나 현장의 사건을 바라볼 때 좋고 나쁨의 이분적 가치판단과 선입견을 배제하고, 있는 그대로의 대상을 바라보는 것을 요구했다. 프로젝트를 진행하면서 지난 시대의 도시개발 프로그램을 비판적, 반성적으로 바라보면서, 그간의 실패한 기획들은 대부분 현안에 대한 객관적 고찰 없이 특정 주체에 의한 일방적 가치판단과 폭력적 실행에 의한 문제적 결과물이며, 편견을 벗어던질 때 내재된 가능성은 표피를 제거하고 우리에게 새로운 모습으로 다가온다는 것을 누차 강조했다.

> ...(전략)···아무도 비판 이후를 말하지 않는다. 기억과 가치의 소중함이 말해져도 현장에서 벌어지고 있는 일들에 대해서는 무기력할 뿐이다. 생성과 변화를 거듭하는 도시에 우울함만을 쌓아갈 수는 없다. 그러나 무질서를 포함한 모든 변화를 도시의 진화라는 시각으로 보게 된다면 문제는 달라진다. 비판을 넘어 진화의 과정을 제대로 읽고 그 방향을 탐색하면 될 일이다. _『서울 을지로』 서문 중, 2012

을지로 연구에서 드러난 도시현상을 바라보는 이종호의 관점과 선언적 언급들이 드러나게 된 직·간접적 배경에 대해서는 이종우의 글을 통해 충분히 설명되었을 것으로 사료된다, 또 그 내용에 대해서도 전적으로 동의하는 바이다. 그러므로 이 장에서는 프로젝트 내용을 중심으로 동료들과 을지로에서 직접 경험해 본 것들, 당시 공유되었던 논의들, 그리고 건축가 이종호의 마지막 도시·건축적 실천의 과정들을 보다 더 구체적으로 언급하고자 한다.

또 이종호가 이 연구를 수행하면서 썼던 여러 글들을 일부 발췌하여 전체적인 맥락을 엮어 본다. 이로써 그의 생각을 전달해보고, 프로젝트가 종료된 이 시점에 을지로 세운상가에서 벌어지고 있는 여러 정책 및 현상의 현재를 언급함으로써 당시 연구와 현실 사이를 비교를 해보는 것도 의미가 있는 일이라 생각된다.

임계상태 |
도시 대(大)재개발

사대문 도시정비의 시작점

서울 사대문을 관통하는 메인스트리트main street의 하나인 을지로는 시청광장에서 동대문까지 이어지는 3.4km의 6차선 도로이다. 이 길의 서측은 프라자호텔 건립으로 대표되는 대규모 사대문 시가지정비사업이 진행된 곳이며 서울시청을 포함, 최첨단 건물이 즐비한 중심 업무지역으로 이루어져 있다. 반대로 동측에는 두타, 밀레오레 등 1990년대에 화려한 영화를 누렸던 패션상가들이 밀집되어 있다. 그리고 이 두 영역을 연결하는 중간영역은 세운상가를 중심으로 한 저밀도 도심산업영역이 몇 개의 블록에 걸쳐 광대한 영역을 구축하면서 수십 년간 현재 구조를 유지하고 있다. 새로운 것과 오래된 것 사이의 절묘한 균형, 하나의 길, 두 개의 시간을 가진 도로. 이것이 바로 현재 을지로의 모습이다.
이러한 이질적 풍경은 2000년대로 들어오면서 대비가 조금씩 희미해져 가기 시작한다. 글로벌투자의 확대, 부동산 투자의 바람은 한가운데 있는 나지막한 금싸라기 땅을 가만 놔두지 않았고, 강력한 자본력을 등에 업은 거대한 마천루는 조금씩 기존의 노후대지를 잠식해 들어오기 시작했다. 그리고 이러한 변화의 흐름 중 커다란 하나가 세운지구 재정비이다.

세운 재개발

건축가 이종호의 공공연구 프로젝트 : 원흥재

노후산업 밀집지인 세운상가 주변부는 1970년~80년대에 재개발구역으로 지정되었고 이후 수십 년에 걸쳐 다양한 정책적 구상을 통해 재개발을 시도했다. 그러나 영세 상인, 건물주들을 비롯한 여러 이익관계들에 의해 전환의 기회는 번번히 무산되었고, 어떤 기약도 없이 세월만 흘러 좋다면 좋게, 나쁘다면 나쁘게 나름대로의 모습을 이루고 있었다. 이러한 상황은 시당국의 정책적 입장에 의해 2004년에 세운상가 4구역 도시환경정비사업 국제지명현상설계(미국 코에터 김 koetter, kim 당선)가 시행되면서 또 한 번의 전환국면을 맞게 된다. 이와 연계하여 대표적 도시 중심의 산업지대였던 청계고가도로 주변은 당시 정치공약인 청계천 복원사업과 함께 사라지게 되고 이 지역에 오래도록 뿌리내린 상공인들 상당수는 장지동 가든파이브로 이주하게 된다.

당선작에 대한 행정적 논의 이후 2006년에는 제도적으로 이 지역을 재정비촉진구역으로 지정하였는데, 앞서 언급했듯이 2000년대 초의 세계적인 경기호황 및 활발한 해외자본의 유치로 건국 이래 최대 규모의 대규모 전면재개발 방식이 개발 방향으로 가닥지어졌다.

얼핏 무탈하게 진행된 것처럼 보였던 이 개발사업은 2008년에 그 유명한 리먼브라더스 부도사태에 따른 금융위기 확산과 부동산 경기침체로 이어지게 되고 투자심리는 위축되어 정체 상태를 맞게 된다. 설상가상으로 2009년에는 문화재청의 심의 입장으로 종묘 방향의 문화재앙각 높이제한이 하향 결정됨으로써(122m에서 62m로) 투자자로 하여금 용적률 수익의 실효적 가치에 대한 의심, 그리고 이미 물위에 떠오른 과도한 개발분담금 이슈가 더해져 개발 속도의 답보상태를 장기간 지속하게 된다.

이렇게 몇 년을 표류하던 세운상가 재개발 논의는 2011년 말 서울시장이 교체되고 도시정책적 입장이 변화됨에 따라 이전 개발방식에 대한 실제적이고도 대안적 논의가 시작된다. 대형재개발의 핵심내용이었던 종묘에서 남산을 물리적으로 연결하겠다는 '세운녹지축조성사업'은 재검토의 대상이 되었으며, 이에 연계된 재정비촉진계획의 방향은 거의 원점으로 다시 되돌아오게 된다.

이종호가 2012년 설계스튜디오의 주제를 세운상가와 그 주변부로 정한 것 또한 이런 도시정책의 전환적 분위기와 전혀 무관하지 않을 것이라고 생각한다.

> 2008년의 경관계획 다이어그램이 떠오른다.…… (중략) …… 마침내 세운상가군 소멸의 근거를 제공한, 아주 잘 그려진 다이어그램이다.…… (중략) …… 그러지 않아도 '흉물스러운 그것들을 근사한 녹지의 축으로' 바꾸며 넘어가는 그림, 세운 녹지축의 지침서다. 종로로 돌출한 종묘의 녹지와 거기에서 이어지는 긴 모습의 세운상가군, 그리고 바로 남산 자락과 만날 것만 같은 상상이 빚어내는 형상 우위의 수준 낮은 인식이다. _「도시재생의 관점에서 본 세운상가군 재조명」『세운상가군의 잠재력』 중, 서울연구원, 2013.12

관찰 |
다양한 표정을 지닌 잠재적 영역의 집합체

표리부동表裏不同 외피와 속살의 괴리

을지로는 다양한 표정을 지닌 잠재적 영역들의 집합체이다. 대로변은 대부분 상업시설로 이루어져 있다. 저층부에는 신·구식의 상점이 연속적으로 나열되어 사대문의 여타 도로에서 볼 수 있는 풍경을 취한다. 그러나 그 이면의 블록내부에는 다양한 도심산업의 행태가 오래된 도시조직에 적응, 시간 속에서 독특한 생활양식과 유무형의 네트워크를 형성하여 수십 년간 단단한 형태를 유지하고 있다.

을지로는 3.3km의 도시를 관통하는 도로가 단독으로 작동하는 것이 아니라 인접한 이면도로, 오픈스페이스, 그리고 이것들을 관통하는 지하도가 각각 일정 부분을 담당하여 함께 작동하는 구조로 보인다. 이러한 특징은 단순한 도시의 외형뿐만 아니라 산업적 특성으로 구분된 다양한 생활양식으로 나타난다.

일과시간 중에 한산한 이면도로변은 대부분 자동차가 점유하지만, 저녁 때만 되면 퇴근길에 한잔하러 모인 사람들로 인산인해를 이룬다. 업무지역은 외부에서 보기에 깔끔하지만, 기실 내부는 노후한 건물과 작은 골목길 사이의 음식산업을 기반으로 한 도심서비스산업으로 수십 년 동안 지속적인 활기를 잃지 않고 있다.

한편 서울의 확장과 수십 년에 걸친 재개발의 실패, 산업공동체의 지속은 비슷한 사례를 찾기 힘든 독특한 도시중심공간의 생산제조업 지대를 형성하여 서울의 상당한 상업 용구의 생산지가 되고 있다. 방산·중부시장으로 대표되는 재래시장은 가사, 공업, 판매 등에 쓰이는 다양한 원료를 취급하는 도매거래처가 각각의 블럭 내에 밀도있게 집적되어 다양한 쇼핑거리를 제공하고 있는 매력을 지니고 있다. 시장 상인들은 자신의 영업방식에 맞도록 자발적으로 공간을 점유하고 짜투리 공간을 쓸모있게 만들어나가며 도시조직에 적응해왔다. 길의 규모와 행동방식에 맞춰 오토바이를 개조한 삼발이는 을지로 블록내부에서 어렵지 않게 볼 수 있는 그들만의 독특한 삶의 도구이다.

다양한 관련 공정의 인적 네트워크가 오랜 시간 지속되면서 유대관계의 지속 및 유지 산업구조를 지탱하여 소위 말해 '못 만드는 것이 없는' 강력한 물적 인적 인프라를 형성하고 있다. 또한 다양한 원료와 산업유형이 집적되어 있는 이곳의 잠재성을 활용, 새로운 산업으로 재탄생시키려는 대안적 컨텐츠를 가진 단체·기업들의 유입을 이끌어내고 있다.

여러 영역을 다양한 사용자들이 24시간 활용하며, 이러기를 수십 년간 반복하여 각자의 방식으로 공간을 점유하고 도시 풍경을 만들어내는 것. 이것이 바로 을지로의 실체이다.

독특한 그리드들

이와 같은 을지로의 생활 유형, 그리고 잠재적인 영역의 발생 원인은 독특한 을지로의 가로체계와 블록의 형상에 있다고 가정되었다.

을지로 주요 가로부는 평균 400×200m나 되는 거대블록으로 형성된 반면, 내부로 접속하는 접속부는 그 수에 있어서 상당히 빈약하다. 블록 내부와 연결되는 지선구간Branch Road 부분은 상대적으로 활기찬 반면, 지선과 지선 사이의 중간으로 갈수록 활기가 떨어짐은 외피와 속살의 괴리라는 '서울형 블록'의 특징을 단적으로 말해준다.

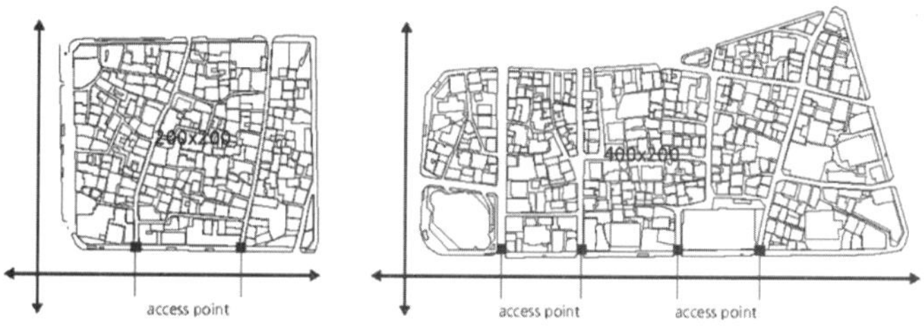

Blocks on Euljiro

이러한 특징의 도시구조는 내부적으로 단일화되어 거대한 산업유형의 밀집을 가능하게 하고 제조업에서 일어나는 다양한 산업유형이 네트워킹할 수 있는 장점을 갖도록 했다. 반면, 블록 외부에서 접촉 기회가 적다는 것은 시대와 도시적 변화에 유연히 대응할 수 없는 강한 폐쇄성을 가져다 주었다고 본다. 지금의 을지로는 지역적 독특함의 발생과 고립에 의한 소멸의 위기라는 양면의 모습을 고스란히 보여주고 있다.

실천 |
Micro Locality, 내재된 잠재성의 발현과 네트워크의 반영

젠트리피케이션 그리고 부족한 공공네트워크

을지로에 내재된 산업적 영역의 특성, 그리고 잠재적 공간들의 살아있는 역동성은 사실 서로가 만나는 접속구간의 물리적 빈약함으로 인해 상호 간의 큰 흐름을 만들지는 못하고 있다. 대표적인 요인의 하나가 공공영역의 결핍이다. 을지로 주요 거점의 접속부는 대부분 상업공간 위주로 획일화되어 있고, 공공의 흐름을 연속되게 하는 이동수단과 연결방식은 상당히 단조로우며 소극적이다. 또한 거주 인구의 부족, 주간 업무중심의 산업적 특성으로 인해 일과시간 이후 도시블럭의 네트워크는 거의 소멸하게 된다. 이처럼 열악한 공공의 연계성은 작게는 을지로의 각 블록 간, 크게는 을지로의 동서 양 말단부(업무영역, 패션타운)와 중간 도심산업지대에까지 어느 정도 명확하게 보여진다.

이에 대한 개선책으로 행해졌던 전 시대의 대규모 젠트리피케이션gentrification은 결과적으로 내재된 가능성을 발현하는 기회로 작용하지 않고 과도한 사적 영역 추구로 커다란 효과를 보지 못했다. 용적률 확보를 위해 기부채납 방식으로 환원되는 공공영역의 종류는 활용도가 떨어지는 공개공지류 혹은 단순한 통로가 대부분이어서 제도적 취지와는 다르게 도시의 원활한 흐름을 이끌어내지 못하고 있다. 또한 고비용을 투자한 대형 재개발은 상당기간 동안 '닫힌 시스템'을 유지하며 도시에 영향인자로 남을 수밖에 없게 된다. 이러한 전범model들이 보여줬던 도시 공공네트워크상의 문제점 노출에도 불구하고 소위 '빈약한 공공영역'을 가진 대형건물들이 우후죽순처럼 들어섰으며, 당시 연구 진행 말미에도 시티호텔 등 대규모 위주의 개발이 기존 블록을 잠식해 들어오면서 을지로의 각 도시조직이 가지고 있는 잠재적 가능성은 발현 기회를 점차 잃어가고 있었다.

> 서울 역사도심 내 공공영역들의 분포는 매우 불균등하다. 그 중에서도 특히 세운지구와 을지로의 결핍은 더욱 두드러진다. 지난 2009년의 촉진계획이 모든 현상의 원인을 세운지구의 쇠락 탓으로 돌리며 전면 철거 방식의 젠트리피케이션을 꾀했던 것이었다. 하지만 그 계획이 실행되지 못한 진정한 이유는 경제의 위기 때문이 아닌, 여기 세운지구의 지층 아래 버티고 있는 만만치 않은 잠재력 때문으로 읽어야 한다. _『을지로 2』 서문 중, 2014

전략 |
공공영역의 확장적 재정의, Liminal Space

을지로에 대한 도시/건축적 실천은 위기와 기회, 생성과 소멸, 조화와 부조화들의 이접적 상황들을 있는 그대로 수용하고, 이를 새로운 질서가 만들어질 수 있는 조건으로 파악하는 것으로부터 시작한다. 그리고 '공공영역 간의 네트워크'라는 대안적이며 생산적 방식의 도시개선 방향 설정을 통해 을지로의 특성이 반영된 도심의 물리적 변화, 그리고 고유의 생활문화가 재생산되어 그것의 유통과 소비가 활발히 발생되고 교환될 수 있도록 하는 것을 목표로 했다.

세운상가를 중심으로 한 도시산업영역에 특히 부족한 공공영역을 확보하여 이것이 을지로 전반에 퍼져 있는 다양한 산업영역이 교류할 수 있는 창발적 개체agent로서 작용하도록 하는 것이다. 이종호는 이것을 '식역공간-리미널 스페이스Liminal Space' 전략이라 칭했다.

리미널 스페이스란 공적인 것과 사적인 것, 특정한 경계와 장소를 가로지르고 결합을 유도하여 혼돈의 상태에서 새로운 대안을 찾아가는 창조적 공간이다. 이것은 공공영역의 범위를 단순하게 특정한 국지적 범위로 지정하고, 공공이 관여하여 환경을 개선하는 일의적 의미를 넘어서는 일이다. 이로써 공공성은 공공적 성격으로 변화할 수 있는 민간의 잠재적 영역들을 발굴해내는 과정을 통해 확장적 재정의가 이루어진다. 이 공간들이 가지는 모호함과 역전성으로 세운상가군, 넓게는 을지로 일대에 부족한 공공영역을 대체적으로 확보해주고, 이것들을 집합시켜 여러 영역이 접속되는 전략을 취하는 것이다.

이를 통해 부족한 세운상가군 공공영역의 양적인 부분을 확보함과 동시에 규정되지 않은 창발의 공간으로 을지로의 각 특성이 융합될 수 있도록 하는 것이다. 즉 전 시대에 행해졌던 평면적이고 영역적이며 일회적인 개발방식과는 다른, 도시의 변화와 입체적 상태를 관찰하면서 점진적인 변화를 유도하도록 하는 도시개발 전략을 제시, 내재된 을지로 도시생태계가 변화 속에서도 지속가능하도록 하는 생산적인 개발방식을 제안했다.

> ...(전략)···SEOUL GRID의 독특한 모폴로지에 대한 인식과 그것이 서울에서의 도시건축을 규정한다는 가정은 계속 유효했다. 다만 그보다 한 걸음 앞서 HYPERPOLIS 서울에서 우선 먼저 마련되어야 할 토대로서 공공영역과 그 네트워크의 필요성에 관한 새로운 인식이 더해지게 되었다. 그리고 그 인식에 따른 작업을 잠재력 가득한 을지로에 펼쳐내게 되었다. 공공영역의 네트워크로 가득 찬 서울은 창발의 기회를 부르는 HYPERPOLIS가 될 것이다. _『을지로 2』서문 맺음말 중, 2014

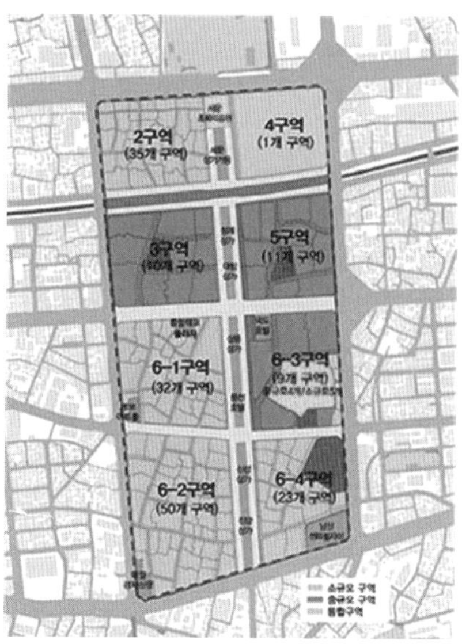

세운재정비촉진계획 변경안

을지로 공공연구가 끝난 지 2년이 지나고 그동안 작고 큰 변화들이 있었다. 2012년 초부터 수행한 우리의 실제적이고 대안적인 실험의 내용들은 두 권의 출판물과 서울시청 초청 전시를 통해 대외적으로 알려지게 되었으며, 이와 더불어 도시개발 접근 방법에 대한 새로운 대안을 모색하려는 사회 전반의 목소리들이 점차 누적되어 2014년 즈음에 와서는 도시정책에 반영됨으로써 조금씩 구체화되어가고 있다.

우선 재개발 중심에 있던 세운상가군을 존치하면서 주변부를 소·중 규모로 분할개발하는 재정비촉진계획 변경안이 최종 결정되었다. 이종호가 누차 강조했던 이 지역의 독특한 도시조직의 잠재적 가치를 재고·보존하면서, 네트워킹을 통한 점진적인 대안을 모색해가는 중에 소규모의 분할개발방식으로 변경될 수 있도록 하는 안이다. 철거 대상이었던 여덟 개의 대규모 구역은 171개의 작은 구역으로 세분화되어 각 조직들이 가지고 있던 물리적 특성과 미시적 산업환경을 고려하고, 각각의 현안에 대해 지주, 원주민, 상공인과 전문가, 공공 등 다방면의 주체들이 참여하는 거버넌스를 구성, 전 시대의 개발방식에서 누락된 협치의 과정을 통해 사안에 대해 미시적이고도 현실적인 대안을 모색하도록 했다.

지금 여기 |
을지로 2014

생활로써의 실천, 메이드 인 을지로

필자는 얼마 전 을지로 연구에 참여했던 일부 사람들과 함께 을지로로 사무실을 이전, 업무영역상 '주민'이 되었다.

세운상가로 작업실을 옮겼던 이종호의 생각도 그랬겠지만, 그동안 이 지역에서 벌어졌던 현상과 실체를 연구자라는 '객체'로서 바라보았다면, 이제는 그 안에서 살아움직이지만 아직 실체를 드러내지 않은 가능성들을 주체적 '실천자'의 입장에서 직접 확인해볼 필요가 있다고 생각했다. 그리고 기존의 산업생태계가 유지되면서도 이것들이 지속성을 가질 수 있도록 '현시대'가 가진 경제, 문화적 이슈와 접목시켜 '지금의 을지로'만이 가진 독특한 생활문화를 만드는, 연속적이고 더욱 현실적인 실천을 하고자 한다.

외부에서 보는 현안(주로 발전과 쇠퇴에 관한)과는 별개로 을지로는 조용하지만 만만치 않은 내적 동력으로 오늘도 살아 움직이고 있었다. 얼마되지 않았지만 매일의 생활로 체험되는 을지로, 세운상가군의 현안은 우리에게 더욱 미시적이고 구체적으로 다가오며, 이제 상공인들의 '이웃'으로서 접하게 되는 삶의 방식과 인적/물적 네트워크의 실체, 그리고 재개발을 둘러싼 이해관계의 정보들은 연구로 습득한 그것보다 훨씬 복잡다단하게 구성되어 있다는 사실을 알게 되면서 기존의 도시계획 방법과 연구들이 보여준, 단기적이고 하향식이며 거시적인 도식에 의존하는 접근방법이 얼마나 위험한 방법이었는가를 새삼 깨닫게 된다.

세운지구의 개발 방향이 변경되면서 대두된 협치과정의 중요성은 도시/경제/문화 분야와 관련된 다양한 협의체의 구성으로 이어졌다. 과거 이 지역의 공공연구를 수행했던 우리는, 이제 주체적 '주민'의 입장에서 서울시가 주최하는 '세운포럼'에 참여하게 됨으로써 협치의 과정을 체험하고 기록하는 '또다른 실천'의 영역에 들어오게 되었다.

건축가 이종호의 공공연구 프로젝트 : 원홍재

> 누가 그 잠재력 현실화의 작업을 실천할 것인가.
> 세운상가군 잠재력의 현실화 작업은 '이곳에 관계하는 모두'에 의해 실천될 수 있다. 이곳은 현재 살아 작동되는 곳이며 관계하는 수많은 주체들이 활동하는 곳이다....(중략)...이 주체들 사이에 논의가 진행되고 합의가 이루어지며 실천이 이루어져야 한다. 과거와 같이 누군가 결정하면 따라야하는 탑다운의 방식이 아닌, 모두가 참여하고 논의하며 진행되는 바

세운포럼은 이종호가 마지막으로 작업하던
세운상가 가동 중정에서 시작되었다.

텀업의 방식이다. 그 가버넌스의 자리에 논의해야 할 의제가 필요할 것이며, 그 의제는 사전에 이곳의 현실에 대한 면밀한 조사와 분석을 바탕으로 어떤 종류의 전망, 잠재력의 가정과 확인을 통해 준비될 수 있을 것이다. 그 의제를 놓고, 다시 말해 이곳의 잠재력을 두고 그것의 현실화를 위한 여러 각도에서의 논의와 결정이 따르고 그 결과는 주체 모두의 힘으로 실천될 일이다. _ 이종호

원홍재

건축사사무소 도시공작소 대표소장. 목원대 건축학과를 졸업하고 원도시건축과 디자인 캠프 문박디엠피(dmp)에서 실무를 익혔다. 한국예술종합학교에서 이종호의 지도로 한강하이퍼폴리스-일산 JDS신도시연구 및 을지로 공공연구프로젝트를 수행하여 전문사 과정을 졸업하였다. 현재 도시생활에 기반하는 삶의 방식과 형태를 관찰, 분석하여 시대가 요구하는 리얼리티있는 건축유형의 개발에 초점을 맞춰 작업하고 있다. 주요 작업으로는 〈대전 서구 관저 문예회관〉〈도서출판 푸른사상사 사옥〉(진행중), 〈백남준 미술관 국제설계경기〉(selected works), 〈전곡선사박물관 국제설계경기〉(merit award), 〈대전 문화예술회관〉(가작), 〈대전 청소년문예회관〉(장려상) 등이 있다.

나주 도래전통마을 조성계획 연구

건축가 이종호의 공공연구 프로젝트

박성진

전통마을의 인문학을 설계하다

시작

나는 나주 도래전통마을 조성계획연구에 참여한 바가 없다. 이 글을 맡기 전에는 도래마을은커녕 나주에도 가본 일이 없다. 그렇기 때문에 도래마을에 관한 이종호의 본심을 내가 익히 알고 있다거나 치밀한 탐문을 통해 미완의 퍼즐을 모두 맞춰갈 수 있을 거라고는 생각지 않는다. 그럼에도 불구하고 이 글을 쓰겠다 자청한 데는 도래마을을 둘러싸고 있는 테마, 즉 '전통'에 관한 내 학문적 관심사가 발동한 것이고, 여기에 최소한 이종호가 갖고 있던 그것에 관한 관념과 보편적 사고를 내가 어느 정도는 독해하고 있다는 무모한 판단이 뒷받침되었다. 그는 대학원 수업과 강연을 통해 20세기 한국 건축가들이 천착해왔던 전통과 한국성의 실체가 무엇인지, 또 그에 대한 자신의 입장을 종종 밝혀왔다. 그러니 나는 다루어야할 물리적 대상과는 적당한 거리를 둔 셈이고, 그것에 얽혀있는 이슈와는 제법 밀접했던 셈이다. 이 글은 이 두 입장 사이에서 발생하는 차이를 운신의 폭으로 삼아 도래마을의 가치와 현재성을 가늠해보는 내용이 될 것이다. 또한 연구가 이루어진 2007년과 지금의 시차 속에서 이종호의 사상과 계획이 어떤 도시적 공간적 실체를 얻게 되었는지, 그 이상과 현실 사이의 간극을 유영하게 될 것이다.

배경

먼저 짚고 넘어가야할 말이 있다. '전통마을', 사실 이 연구과제의 명칭을 처음 접했을 때 건축가 이종호의 참여 동기와 진의가 자못 궁금하였다. 그가 참여했던 50여 개의 공공연구는 대개 '문화' '예술' '공공'과 친연성을 갖는 편이지 '전통'과는 그리 살갑지 못했다. 연구 제목에 '전통'이라는 단어가 등장하는 것도 도래마을이 유일했다. 도래전통마을 조성계획연구는 그래서 이종호의 통사에서 볼 땐 형질변이의 지점이기도 하다.

오늘날 시간이 얼어붙은 전통한옥마을의 집단적 풍경은 한국의 건축가들에게 얼마간의 억압으로 작용하기 마련이다. 전통마을에 관한 전문가들의 다층적 담론들도 초가나 기와지붕만이 전통의 표상이라는 대중의 인식적 칼날 앞에서 일시에 제거되거나 불구가 되고 만다. 전통을 수구적 입장에서 과거의 양식으로만 직결시키는 한국사회는 여전히 전통의 현재성에 대해선 몰이해하다고 볼 수 있다. 과거 몇 번인가 이종호와 건축에서 전통의 현대적 표현과 한국성에 대해 이야기했지만, 그 또한 1990년대 이후 미제로 남겨진 전통의 이슈를 성급하게 들추거나 다시 정의하려 하지 않았다. 그 봉합의 상태를 받아들이면서 전통을 시간성과 더불어 지역성의 문제로 이해하려 했다. 도래마을은 이런 그에게 다시금 전통에 관해 고민하고 그 봉합을 어떤 식으로든 해체해 다시 매듭지어야 하는 어려운 과제였던 것이다. 전주 한옥마을과 안동 하회마을로 대변되는 전통마을의 집단적 풍경 속에서 우리는 그가 즐겨 쓰던 '창발'의 징후를 과연 발견할 수 있을까?

나주 도래전통마을 조성계획은 집성촌의 인문학적 가치와 그 물리적 경관을 보존하자는 명분에서 출발했다. 여기엔 산업사회에서 후기산업사회로, 노동에서 여가중시로, 국가주도에서 지역자발이라는 시대적 패러다임의 전환과 더불어 아시아 문화중심도시 광주, 나주 혁신도시와 같은 인접 지역의 위상변화가 확실한 기제로 작용했을 것이다. 그러나 이렇게 근사하게 정리된 배경과 명분을 한 꺼풀 걷어내고 본다면 결국 그 밑바닥에는 한옥을 관광자원화 하여 방문객 끌어모으려는 지자체의 현실적 목표가 드러난다. 2006년 '전라남도 전통 한옥 마을'로 지정된 후 도래마을에 전통이라는 브랜드를 입혀보겠다는 것. 이런 명분과 배경 사이에서 이종호가 기대했던 것은 무엇이었을까? 진정 도래마을이 하회마을처럼 기와로 물결치는 집단적 풍경을 갖길 원했던 것일까?

나주 도래전통마을 조성 계획 연구

그런데 도래전통마을 계획에서 앞서 그가 제시한 몇몇 패러다임을 보면 단순하게 목가와 초가의 풍경을 그렸던 것 같진 않다. 그는 게오르크 지멜Georg Simmel의 공동체론, 무라세 아키라村瀨章의 농도지역사회개발론, 에밀 뒤르켐Emile Durkeim의 연대론과 같은 사상가들의 이론을 빌려왔다. 특히 그 가운데 에릭 홉스봄Eric Hobsbawm의 '만들어진 전통'을 차용해 온 것을 보면 도래전통마을을 대하는 이종호의 태도를 짐작할 수 있다.

> 전통이란 고정되어 있는 것이 아니며 끊임없이 재발견, 재창조되는 것이다. 전통이란 때로 필요에 따라 만들어지기도 한다는 것이 여러 예를 들며 말하는 홉스봄의 주장이다. (중략) 도래마을에서의 전통이란 민속

촌에서처럼 박제화된 것이 아닌 분명 살아있는 것이다. 그렇기에 도래 전통마을에서의 전통이란 최근까지의 생활들을 포용하는 개념이어야 한다. 수많은 전통마을들의 실패는 바로 이와 같은 점에 대한 이해의 부족에서 비롯된다.

우리가 오래된 전통이라 알고 있는 장자 우선이나 가부장제는 정착된 지 300여년 밖에 안 된 대단히 새로운 제도이고, 전통음식인 김치 또한 지금처럼 고춧가루를 사용한 것은 임진왜란 이후의 문화이며, 판소리와 같은 중요한 속악도 모두 19세기경에 지금의 모습을 갖춘 것이란 게 한국학자 최준식의 설명이다.**주1**
당대성과 현재성을 갖지 못한 과거 양식의 복제라면 그것은 당연히 날조일 수밖에 없다. 민속촌을 아무리 오래 묵혀도 한국의 전통마을이 될 수 없듯이 현재성 없이 포퓰리즘에 영합하는 과거의 재현은 아무리 정교해도 날조의 혐의를 벗을 수가 없다. 이종호가 말한 '만들어진' 전통이란 '최근까지의 생활', 즉 현재성을 포용하는 개념이기에 창조적 가치로 이해할 수 있다. 현재성을 담보한 당대의 시대적 양식이야말로 새로운 전통의 토대이며, 전통을 계승해 나가는 바람직한 태도가 된다. 전통에 대한 창조보다 날조를 더 전통답게 바라보는 편협한 사회의 시각이야말로 수정되어야 한다. 그래야 도래마을에서 전통이 무엇인지 눈에 들어오기 시작한다.

주1.
수업에서 이종호는 전통의 시간성에 대해 최준식의 이 같은 견해를 빌려와 자신의 견해를 밝히곤 하였다. 심지어 궁중무처럼 알려진 부채춤은 1950년대에 창작된 춤이라니 전통의 날조와 창조의 위력을 실감하게 된다.

입지

나주혁신도시에는 한국농어촌공사, 한국문화예술위원회, 한국방송통신전파진흥원, 한국콘텐츠진흥원 등 나름대로 알짜배기 공공기관이 대거 이전하였다. '새로운 도시가 대규모로 조성되는 작금의 상황에서 같은 나주에 있는 도래마을의 접근성 또한 당연히 무난하지 않을까?' 이런 안이한 생각을 갖고 도래마을을 찾는다면 누구처럼 이른 아침부터 고생을 면하기가 어렵다. 일단 거점도시가 되는 광주에서 대중교통편을 찾는 일부터가 녹록치 않다. 제대로 된 버스 노선도나 운행 정보가 없어 광주역 인근을 헤매며 정류장을 찾는 데만도 한 시간. 찾더라도 시간이 맞지 않으면 또 한 시간을 무념무상으로 고스란히 흘려보내야 한다. 광주역 역무원에게 물어도 무슨 마을인지 모르겠다는데 지나가는 행인들에게 어떤 정보를 얻을 수 있겠는가. 어쩌다 도래마을을 안다는 이를 만나면 그곳엔 왜 가려하냐며 의아한 표정과 말투로 되묻곤 한다. 겨우 더듬어 온 정류장에서 한 아주머니는 도래마을이라는 말에 아예 "그 홍씨네 동네는 무슨 일로 가려구? 나도 홍씨지만 마을에 별볼 게 없는데……."라며, 차라리 교회 야유회나 같이 가자며 즉석에서 전방위적 포교를 시도한다.

전남 나주시 다도면 풍산리에 위치한 도래마을은 광주에서 약 23km로 떨어진 곳으로 2007년 연구 당시 약 160,000m^2의 면적에 156가구가 들어선 작은 마을이었다. 이곳은 그 아주머니의 말대로 풍산 홍씨豊山 洪氏의 씨족마을이다. 본래 김씨, 나씨, 최씨 등이 살던 마을에 일종의 처가입향으로 자리를 잡게 되었다. 15세기 성천도호부사成川都護府使를 지낸 홍수洪樹라는 인물이 나주로 옮겨왔고, 15대조 홍한의洪漢儀가 도래마을의 강화 최씨에게 장가들면서 처가입향하며 정착해 입지를 굳힌 것. 1982년 조사에 따르면 총 94호의 가구 중 풍산 홍씨가 79호, 강화 최씨가 10호 등으로 폐쇄적인 집성촌의 혈통구조를 간직하고 있었다. 1990년 조사에서도 65%가 넘는 위세를 유지하고 있었다. 이 중에서도 풍산 홍씨 석계공파는 감태봉을 주산으로 삼는 동녘 권역에, 풍산 홍씨 봉교공파는 풍악산을 주산으로 삼는 후곡 권역에, 강화 최씨는 주산봉을 주산으로 삼는 내촌 권역에 각각 일정한 독립성과 중심성을 확보하고 정착하였다. 마을을 돌아다니다보면 도래마을이라는 이름 못지않게 도천마을, 도내마을이라 이름과 마주하게 되는데, 이 또한 이 세 권역의 주산인 주산봉, 감태봉, 풍악산으로부터 흘러내려온 물줄기가 동쪽에서 서쪽으로 흘러와 합쳐지는 모양 때문이다.

그런데 도래마을을 다른 여타의 전통마을과 비교했을 때 한 가지 특이한 점이 눈에 띈다. 규모와 밀도 면에서 도래마을은 하회마을과 양동마을의 1/4 수준이다. 방사형과 복합적 선형 구조를 갖는 하회마을과 양동마을은 비교적 각 주거영역의 경계가 담장과 길로서 명확히 구획되어 폐쇄적이고 독립적인 영역을 확보하는 반면 도래마을은 독립된 주거영역을 형성하면서 동시에 인접 가옥으로 왕래할 수 있는 샛문을 두어 서로 긴밀하게 연결되어 있다. 대문을 통해 서로의 방문을 알리고 출입을 요청하는 의례적 관계가 아닌, 언제나 일상적인 왕래를 허용하는 구조였던 것이다. 이는 도래마을이 일반적인 집성촌보다 더욱 강한 혈연적 유대를 바탕으로 한 마을공동체라는 사실을 건축적으로 증명해주는 부분이다.

경관

내천자川를 이루며 후면의 주산에서 마을로 세 갈래의 물길이 흐르고, 이 물길과 나란히 각 권역의 중심가로가 동서방향으로 펼쳐진다. 그 중심가로에서 잔가지들이 뻗어나가 결속을 다지는 구조, 그리고 이 세 권역을 횡적으로 연결하는 은밀한 내향적 경로들. 이것이 도래마을의 개괄적인 구조이다. 여기에 전통의 요소라 할 수 있는 마을 입구의 정자들이 공공의 네트워크를 이루고 있다. 논일을 하다 잠시 땀을 식히고 누워 낮잠을 청할 수 있는 내촌의 도천정, 솟을대문이 일품인 도래마을의 공식적인 사랑방 양벽정, 옅은 관음의 풍류가 흘러나가는 후곡의 우산각, 그리고 마을입구가 아닌 뒤 숲에서 일상의 번거로움을 피해 잠시 안으로 숨어들 수 있는 계은정. 이처럼 마을의 입구마다 놓인 정자나 정자목은 문중을 기념하고 유교적 세계관이 반영된 상징적 기능적 공간으로, 이곳의 공동체성은 씨족마을 특유의 단위주거의 내부에서부터 공공의 영역까지 확대되는 것을 볼 수 있다.

여기에 동녘에 남아있는 근사한 고택들이 도래마을의 대표적 경관을 이루고 있다. 도래마을옛집, 홍기응 가옥(중요민속자료 151호), 홍기헌 가옥(중요민속자료 165호), 홍기창 가옥(시도민속자료 제9호)과 같은 대표적인 한옥들이 여전히 살림채로써 과거와 현재의 생활상을 고스란히 담고 있다. 이 가운데 도래마을옛집은 내셔널트러스트에서 시민들의 기부와 후원금으로 2006년 매입하여 안채, 문간채를 원형 그대로 복원하고 별당채는 신축해 2009년 3월 시민과 함께하는 문화공간으로 개소한 것이다.

이종호는 이 같은 마을의 경관을 주체와 객체의 관계로 대상화시켜 거리 개념을 투영해 나눠 바라보고 있다. 주변 자연지형과 어울려 들어오는 마을의 원경, 가로 경관이 중심이 되는 마을 내부의 중경, 개별적 건축물의 모습으로 인식되는 근경으로 분리해 파악하였다. 주변의 드라마틱한 자연경관이 없는 상황에서 도래마을의 원경은 큰 특징이나 전통이라는 이슈를 그다지 잘 드러내지 못하는 형편이고, 중경과 근경 차원으로 들어와야 전통마을의 색채를 느낄 수 있다. 집단적 풍경의 출발이 개별 요소의 군집이라고 본다면 사실 개별 건축물들의 시대성과 양식들이 어떻게 중경을 이루느냐가 중요한 문제라 할 수 있다. 하지만 순도 높은 전통마을의 중경을 기대하기에 도래마을의 근경은 너무 많은 양식들이 뒤섞여 있다. 전통과 뒤섞인 근대의 일본식 가옥, 그리고 현대와 근대라고 하기도 애매한 무명씨의 가옥들이 메마른 풍경을 이루며 혼재한 상황이다. 방문객의 체험과 인지 차원에서 본다면 전통마을에선 근경에서 중경으로 경관적 체험이 확장되어야하는데 실제로 도래마을에서는 이런 확장에 어려움이 느껴진다. 근경의 개체성들이 또렷하지 않은 것도 문제이지만 중경에서 이를 묶어줄 통합적 요소가 부재한 것도 사실이다. 마을 고유의 경관형성을 저해하는 시멘트 담장과 비닐하우스의 경작풍경은 어떻게든 해결하고 가야 한다.

그런데 도래마을이 전통마을로 나아가는 데 더 큰 걸림돌은 사실 질이 아닌 양의 문제일 수 있다. 앞서 묘사한 중심적 경관들이 사실 5분도 채 되지 않는 보행 속에서 끝나버리는 조루하고 파편적인 경관이라면, 몇몇 한옥을 제외하고서는 과연 이곳을 전통마을이라 부를 수 있을까? 마을 전체 면적이 양동마을의 1/4이고, 여기서 중요한 고택은 모두 동녘에 모여 있는 실정이니 내촌과 후곡의 속살을 까뒤집어 놓고 보면 흔하고 흔한 평범한 시골 마을과 다름이 없다. 내촌과 후곡 권역을 돌면서 그래도 적적하지 않았던 것은 그림자처럼 항상 마을길 곁에 흐르는 물길 때문이었다. 도래마을이라는 마을의 유래답게 물길의 흔적들이 잘 남아있다는 것은 이곳의 크나큰 인문학적 유산이기도 하다. '만약 물이 흐른다면' 길을 따라 작은 마을을 둘러보는 재미가 배가 될 것이다.

계획

이런 한계와 가능성 위에 이종호가 수립한 계획의 기본 전제는 다음과 같았다. 첫 번째, 전통을 고정되고 박제된 것이 아닌 마을 내 집단의 기억으로 살아있는 개념으로 이해한다는 것. 그래서 이 마을에서 전통은 조선시대는 물론 근세 그리고 지난 세기 후반까지 확장되었다. 두 번째, 기존 씨족마을의 공동체성 위에 새로운 사회적 관계를 포개야 한다는 것. 후기 산업사회의 특성인 사회적 관계의 다원화를 강조한 부분이다. 세 번째, 거주 공동체와 비거주 공동체의 생활 거점영역을 각각 가옥밀집지역과 폐교로 설정한 것. 이 세 가지를 계획의 전제로 삼고, 상향식 담론 형성과 내적 개발론을 기대하며 이종호는 새 얼개를 짜나간다. 그 큰 그림을 간단하게 요약한다면 다음과 같다.

도래전통마을을 크게 교류영역-거주영역-배경영역으로 구분하고, 이 영역들 간의 네트워크를 전통성을 갖는 공간적 요소(정자와 고택들)와 현재성을 갖는 공간적 요소(정미소와 마을회관 등)의 얼개로 그리는 것이다. 그리고 순환구조의 길을 마련해 전체와 서로 간의 교류를 도모한다. 이 같은 그물망에 걸린 창발적 행위와 사건들을 도로 맞은편에 있는 폐교로 수렴하게 만들어 도래전통마을의 새로운 거점 공간을 조성한다는 계획이다.주2 흥미로운 것은 이종호가 이런 공간계획의 궁극적 완성을 위해서 다소 과격한 외과적 수술을 구상하는데, 그것은 마을을 돌아가는 새로운 우회도로의 제안이다. 마을과 폐교를 갈라놓는 현재의 국도를 마을 구조 안으로 내부화시켜 마을 내의 네트워크를 구축해야 한다는 장기과제를 내놓는다. 이것은 길 건너편에 있는 폐교의 활용성을 높이고 마을의 일부로 끌어오기 위한 공간적 전략이기도 하다.

주2. 도래전통마을 조성계획연구에서 폐교 활용이 매우 중요한 사안으로 보고서에서 다뤄지지만 이 책의 다른 장에서 폐교 활용에 대해 자세히 기술하는 만큼 이 장에서는 생략하기로 한다.

세부 계획으로는 각 권역별 현황을 파악하고 새로운 개입을 통해 환경 정비를 시도하고 있다. 동녘은 도래마을의 전통적 경관이 집중된 곳인 만큼 방문객의 중요 거점으로 삼아 주차장을 정비하고 종가 복원을 위한 다양한 구상을 고민한다. 후곡은 그 성격이 모호하지만 민박사업 신청이 가장 집중되었던 곳이니 이를 위해 마을길과 담장 등 경관 정비를 제안한다. 내촌은 마을 앞들과 가까운 영역으로 논농사에 밀접한 영역과 내촌 물길과 빨래터 정비를 시행한다. 결국 이런 노력을 통해 마을공동체를 수립하고 내부적으로, 그리고 아래시 위를 향하는 개발방식으로 도래마을의 시간성과 공간적 가치를 발현시키는 것이 목적이었다.

현실

내촌의 한 골목길을 지나다 대문이 활짝 열려있는 집을 만났다. 새빨갛게 물든 마당 위에서 할머니는 고개를 숙인 채 연신 가위질에 여념이 없었다. 잠깐 들어가도 되겠냐며 양해를 구하고 그의 옆에 앉았다. 그는 며칠 새 탄저병이 돌아 고추가 다 못쓰게 됐다면서 병든 부분을 오려내며 고추를 다듬고 있었다.

"으메, 따온 것이 하나도 쓸 것이 없어! 버리자니 아깝고, 다 뭐에 쓸 것이여…."
그의 탄식을 슬며시 자르고 들어가 마을에 대해 묻기 시작했다.
"할머니! 할아버지도 풍산 홍씨세요?"
"아니, 우리는 강화 최씨여. 풍산 홍씨가 강화 최씨의 외손들인 건 알제? (웃음을 한가득 머금고) 외손들이 이렇게 성했는데 이 마을 최씨 중에 배 안 아픈 사람이 어디 있겠어."
"전통한옥마을로 지정되고 정비된 후에 사람들이 이곳에 많이 보러 와요?"
"응. 전보다는 많이 와. 지금 저기 내려오다가 위에 있는 펜션 봤제? 거기는 손님들 많어. 8월에는 방이 꽉 찬다고 하데. 사는 사람들이 늘어난 것은 없지만 오는 사람은 늘었지. 다행인 게 여기는 빈집은 많지 않어."
"이 마을에서 펜션 운영하는 분들은 외지 사람들이에요?"
"저 위 펜션 주인은 여기 바닥 사람이여. 그리고 도래마을옛집은 일주일에 딱 한두 번만 손님 받는데 관리자는 광주에서 왔다 갔다 하지. 여기 사는 사람들은 백프로 다 농사를 지어. 여기 사는 사람 치고 농사 안 짓는 사람 없어. 펜션 해봤자 여기서 취나물 키우는 것만도 못혀"
"2007년 쯤 여기 전통마을 조성할 때 서울에서 내려온 건축가나 교수님 기억하세요? 주민들 모아놓고 공청회와 설명회도 했던 것 같은데"
"모르겠는데. 그때 서울에서 누가 왔었나? 그것보다는 이 위에 펜션 지을 때 마을 사람들이 모여 말이 많았제. 집 지을 터가 아닌데 집을 지어 펜션으로 쓴다고. 원래는 마을 머리맡에다 그렇게 집을 짓는 것이 아니여. 요 아래 고택 관리하던 사람이 마을에서 일하면서 거기에 땅을 사 펜션으로 지은 거여. 문화재청에서 허가를 안 내줄 줄 알았는데 허가가 나와 마을 사람들도 이상하게 생각했제."
"전통마을 되고 나서 뭔가 달라지거나 나아진 건 없어요?"
"나아진 건 개뿔이……, 개 똥구녕 만큼도 나아진 것도 없어. 마을이 명예만 생겼지. 찾아오는 사람들이 좀 많아지긴 했어도 여기 내촌까지 돌아보는 사람은 별로 없어. 동녘이 다지. 전통마을이라고 해봤자 뭐 특별하게 볼 게 있어야 오지. 와서 특별하게 할 것이 없어."

할머니의 거칠고 직선적인 말들이 이곳 주민들의 생각을 대변하진 않지만 마을에서 만나 이야기를 나눈 대여섯 명의 주민들은 모두 이곳에서 일어난 변화에 둔감한 편이었다. 아니면 그들이 체감할 만큼 변화의 폭과 강도가 크지 않았던지. 연구보고서에서 민박을 도래전통마을의 주요 사업을 적극 권장하면서 열다섯 채의 한옥을 지정해 지원금을 보조했지만 7년이 지난 지금까지 운영되는 펜션이 두 개라는 건 변화의 폭이 크지 않았다는 것을 방증한다. 그것은 수량이 아닌 질의 문제로 따져 봐도 그렇다. 할머니의 지적처럼 마을 머리맡에 신축된 펜션은 마을의 공간적 질서와 규범과도 어울리지 못했고, 양식적으로는 한옥도 아닌, 그렇다고 한옥이 아닌 것도 아닌 애매한 형태로 들어서고 말았다. 오래전 양동마을에 신축 교회를 설계한 건축가 김헌의 말은 이와 같은 상황에서 새로운 건축적 개입이 어떤 태도를 지녀야하는지 이야기한다.

> 오랜 시간 장소에 물든 선명한 의미들이나 그 배타적 교리를 일종의 건강한 억압으로 인식하고 순순히 이에 대해 비껴 설 길을 모색해본 작업의 기록이다. (중략) 건축이긴 하나, 무심한 눈길들로 하여금 그것이 건축임을 깨닫게 하는 일을 애써 방해하는 언어들, 여기에 개체의 존재감이란 것이 한없이 희석되거나 소거되길 노리는 스키마를 가동시켜본 것이다.

결국 중요한 것은 그것이 기와냐 콘크리트냐는 양식과 재료만의 문제는 아닐 것이다. 그것의 작법이 중요할 것이고, 콘텍스트에 대한 독해와 수용이 필요하다. 도래마을을 비롯해 한국의 전통마을에 위치한 관광안내소와 공중화장실의 건축이 이제는 제발 초가와 기와지붕 형태에서 벗어나야 한다.

논의의 차원을 건축에서 마을의 경관 문제로 끌고 온다면 또 다른 현실에 직면하게 된다. 앞서 이야기했듯 연구진이 마을의 경관을 살펴나간 핵심적 방법은 거리개념을 갖고 마을의 경관을 원경, 중경, 근경으로 구분해 분석하는 방식이었다. 그런데 이런 방식은 필연적으로 거시와 미시 사이에 존재하는 중간적 요소들을 소외시키고 만다. 원경-중경-근경에 대한 분석과 해법만이 아니라 서로 다른 층위를 매개하며 이어줄 수 있는 '사이의 문법'이 필요한데, 그런 보완적 전략은 보고서를 통해 읽혀지지 않았다. 또 내촌에 빨래터를 만들자는 제안이 마을의 일상적 풍경을 회복하자는 것인지, 아니면 과거의 시간을 상징적으로 연출하려는 의도였는지 모르겠지만 어째든 세탁기를 눈앞에 두고 빨래터에 나가 방망이를 두드리는 젊은 아낙들은 보고서 안에만 갇혀 있는 연구진들의 이상이었는지도 모르겠다.

이렇듯 과거와 현재라는 시공간적 차이가 빚어내는 갈등은 또 있다. 마을의 가장 중요한 인문학적 경관인 물길이 그렇다. 도래마을 혹은 도천마을이라고 불리는 건 내촌, 동녘, 후곡을 꿰뚫고 가는 세 물길 때문이기도 하다. 그래서 건축가 이종호는 이런 도래마을의 인문학적, 공간적 원형인 수로를 복원하여 다시 회복시켰다. 하지만 방문하기 바로 전날까지 비가 온 상황이었지만 마을의 수로는 거의 모두 말라있었다. 후곡 권역의 수로에만 약간의 물이 흐르고 있을 뿐이었다. 주민의 말에 따르면 지금은 지하수 난개발로 인해 물이 많이 말라 예전과 같이 물길에 물이 흐르지 않는다고 한다. 거의 항상 말라있는 상태이고, 중요한 행사가 있을 때만 마을 위쪽에 파놓은 저수지에서 물을 펌프로 흘려보낸다고 한다. 이것이 과연 지속가능한 전통의 현재성인지 고민해볼 필요가 있다.

그리고 이 연구보고서에서 양벽정 앞에 위치한 연못에 대해 좀 더 적극적인 활용과 영역 확보를 주장하였다. 마을 입구에 적극 대응하도록 만들자는 것이고 더 강한 경관으로 작동하게끔 만들자는 것이었다. 그래서 실제로 이 제안이 받아들여져 연못은 원래의 대여섯 배로 커지고 주변도 말끔하게 정비되었다. 하지만 결과적으로 이는 전통 조경의 수법도, 현대적 랜드스케이프도 아닌 어설프게 날조된 풍경으로 남게 되었다. 이는 도래마을이 갖는 물에 대한 문학적 메타포를 지나치게 거칠고 과격하게 직유로 번안해 내놓은 공간적 해석이다. 연못 주변의 핵심적 공간요소인 양벽정과 영호정과도 스케일이 맞지 않고, 여기에 근린공원과 같이 몇몇 운동기구와 달구지를 끌고 있는 황소를 모형으로 재현해 가져다놓은 것은 전통의 창조가 아닌 날조이다. 도래마을이 흡사 민속촌 입구와 같은 설익은 광경을 갖고 말았다. 이는 이종호가 말하고자 했던 현재성을 담보한 전통의 모습이 아니다. 이종호가 제안했던 연못의 확장이 잘못 해석되어(아니면 관이라는 관습적 조직을 통해 퇴행적으로) 실현된 것인지, 아니면 그 제안 자체가 문제였던 것인지 다시 물어야 한다. 이렇게 마을의 초입에서부터 전통에 대한 강박은 왜곡된 희극적 풍경으로 과장되게 펼쳐지고 있다.

과제

이 글에서는 '도래마을'과 '도래전통마을'이라는 두 가지 표현이 등장한다. 도래전통마을은 2006년에 '전라남도 전통 한옥 마을'로 지정된 상황과 이 연구과제의 공식명칭을 반영한 이종호식의 표현이고, 도래마을은 이와 무관한 객관적 서술과 나의 견해를 전달할 때 사용한 표현이다. 나는 전통이라는 표현을 빼버렸다. 왜 그랬을까? 결론을 먼저 밝힌다면 일단 도래마을에서만은 '전통'이라는 무게와 구속에서 인식적으로 좀 자유로워질 필요가 있어 보인다. 도래마을에 중요한 문화재들이 몇몇 남아 있지만 그것은 마을의 일부일 뿐 전체성을 형성하거나 마을의 경관을 지배하고 있진 못하다. 이런 상황에선 전통이라는 것이 자칫 하나의 폭력적 권력으로 변질되어 이곳의 일상적 생활과 경관을 오히려 훼손하고 억누를 수 있다. 실제로 초기 나주시에서 정리한 도래전통마을 조성 추진계획안을 보면 '전통'이라는 명분하에 벽돌이나 시멘트블록으로 지어진 담장은 미감에 상관없이 철거하고, 전통돌담이나 토담을 대신 설치하겠다는 계획이 있었다. 심지어 양벽정의 솟을대문도 일본식 양식이니 철거 대상물로 분류되었다. 근대적 풍경인 마을 앞 농협창고나 도정공장도 당연히 철거대상이었다.

도래마을의 전통적 풍경이 건강한 억압이 되려면 현대건축의 행위에 대해 당연히 행사하는 지시나 명령은 선택적으로 조율되어야 할 것이다. 그랬을 때 도래마을의 고유한 인문학적 유산인 씨족마을의 실체는 현재성을 잃지 않고 생기를 이어갈 수 있을 것이다. 그렇다고 무조건 이곳의 일상적 삶만으로 마을이 지속될 거라는 말은 아니다. 내적 동기를 통한 변화와 외부의 자극이 교합되는 순간 도래마을은 달라질 것이다. 이종호가 이야기한 '토박이와 떠돌이의 만남'이 이루어져야 하는데, 아직 마을에는 핵심적인 동기가 없다. 내가 황금연휴의 첫날 방문해 한나절 내내 이곳을 활보하면서 만난 방문객은 고작 여섯 명이었다. 앞선 인터뷰에서 드러나듯이 뭔가 핵심적인 프로그램이나 시설이 없다. 그렇다고 드라마틱한 자연경관이 있나? 그것도 아니다. 이종호는 민박사업이나 이곳의 농업이나 고유 경작물을 기반으로 한 새로운 사업적 가능성도 제안했지만 아직 거기까지는 도래마을이 도달하지 못했다. 이런 여러 가지 한계 상황에 반전을 일으킬 수 있는 도래마을의 마지막 보루는 폐교 활용의 문제이다. 이는 이종호도 보고서에서 언급한 바 있다. 이 글에서 깊게 언급하지 않았지만 결국 전통성과 현재성을 모두 수렴할 수 있는 폐교라는 거점이 새로운 가능성을 보여주지 않는다면 도래마을의 한계는 자명해 보인다. 연구의 끝에 가선 어떻게 바뀌었는지 몰라도 처음 연구자들은 도래마을을 전통마을로 조성하는 것에 약간의 회의적 시선을 가졌다.

앞서 양동마을과 하회마을과 도래마을을 비교했지만 사실 그 마을들과 도래마을은 규모도, 성격도, 구조도 상황이 많이 다르다. 그러니 그 마을들의 사례에서 해법을 끌고 오려 해서는 곤란하다. 좀 더 작은 마을 단위에서 전통이라는 것의 적용 가능성과 그의 일상적 유지 관리의 문제들까지 세밀하게 살펴보아야 한다. 그래도 한 가지 다행인 것은 아직 도래마을의 시간은 얼어붙지 않았다는 것이다.

박성진

건축저널리스트.「공간(SPACE)」편집장. 국민대학교와 한국예술종합학교, 스페인 국립 마드리드공과대학에서 줄곧 건축역사이론을 공부했으며, (특)문화유산국민신탁과 희망제작소 연구원으로도 활동했다. 저서로『언젠가 한 번쯤, 스페인』(시드페이퍼, 2012)과『모던스케이프』(이레출판, 2009), 공저서로『궁궐의 눈물, 백년의 침묵』(효형출판, 2009), 엮은 책으로『집 더하기 삶』(흐름출판, 2013)이 있다.

건축가 이종호의 공공연구 프로젝트

한강 연안지역 활용방안 연구 — 임진강·한탄강 연안지역 활용방안 연구

정이삭

한글로 쓴 물길

한반도 중부 수계주1 연구와 건축가의 공공연구 의의

건축가 이종호의
공공연구 프로젝트 :
정이삭

고지도 제작자 이종호

개리 레드야드Gari Keith Ledyard 미국 컬럼비아대 명예교수는 2013년 6월 동아시아연구원 저널에 지명과 정보 등이 한글로 작성된 지도 하나를 공개했다. 순 한글로 제작된 고지도가 일반에 공개되거나 학계에 보고된 것은 이번이 처음이다. 개리 레드야드 교수는 "지명 등을 분석한 결과 18세기 것으로 추정된다"고 밝혔다. 프랑스 국립박물관에서 보관 중인 것으로 알려진 1845년 김대건(1822~1846) 신부가 제작한 한글지도보다 반세기 이상 먼저 제작된 것이다. 지도는 103×63cm 크기의 한지로 만들어졌다. 크고 작은 삼각형을 연이어 그려 산맥을 짐작토록 하고 물길을 따라 지명을 적었다. 특이한 것은 육로가 보이지 않고 최대한 많은 물길을 육지 깊숙한 곳까지 상세히 묘사했다는 점이다. 또 물길을 실제 크기보다 과장하여 물길의 위계와 위치를 가능한 정확히 표현하려 했다. 수로를 이용한 물화의 운송 등 철도가 등장하기 이전 전근대시기의 물길과 그 연안지역의 역할과 중요성을 미루어 짐작할 수 있다. 이 지도의 또 다른 특이점으로 순 한글로 제작했다는 점을 꼽을 수 있다. 조선사회에서 차별된 언어를 사용하여 그 언어를 모르는 이들에게 그 위상의 차이를 각인시키는 것은 계급사회의 질서를 공고히 하는데 매우 유효한 수단으로 이용되었을 것이다. 따라서 한문을 모르는 여자들이나 상

주1.
지표의 물이 점차로 모여서 같은 물줄기를 이루는 계통. 수계의 주체는 하천이지만 여기에 딸린 호소(湖沼)도 이에 포함된다.

개리 레드야드 교수가 공개한 한글 고지도

인과 천민들도 읽고 이해할 수 있는 지도란 당시 매우 혁신적인 시도였음이 분명하다.

건축가 이종호의 한반도 중부 한강 수계 및 그 연안지역 연구의 배경과 최종 목적지를 상상하는 일. 그리고 건축가로서 수행한 그의 수많은 공공연구 프로젝트가 이 사회에 갖는 의미. 이 두 가지 독해 앞에서 나는 앞의 지도를 만났다. 18세기 비주류를 향해 소리 없는 혁명을 주장한 한 지도 제작자의 마음을 읽던 중 그곳에서 건축가 이종호의 외침을 들었다. 여기에 2014년 2월 28일 고 이종호의 추모식 중, 내가 읽은 추모사의 서두를 적어본다.

> 지금으로부터 12년 전 당시 대학 3학년이던 저는 바른손센터 옥상에서 건축가 이종호를 처음 봤습니다. 서울시립대 김성홍 교수님의 강연자 소개가 끝나자 그의 입에서 나온 첫 말은 건축이 아닌 본인이 자란 영등포와 그 시절 기억에 대한 이야기였습니다. 그리고는 동작대로를 경계로 하는 두 도시 영역에 대한 이야기였고요. 건축에 대한 이야기는 그 다음이었습니다. 이종호라는 건축가는 단순히 건축가이기보단 인간애를 실천하는 한 소년으로 저에게 처음 다가왔습니다. 이후 대학원에서 그를 다시 만났습니다. 저희는 하이퍼폴리스**주2**라는 주제로 서울과 지방 도시들의 연구를 수행하며 공부했습니다. 저에게 있어서 그가 말하는 도시는 도시가 아니었습니다. 저에게 그가 말하는 도시는 복잡다단한 삶들을 향한 깊은 사유이자 그가 도모하는 공공의 가치에 대한 탐욕 없는 소망으로 들렸습니다.

주2. HYPERPOLIS, 이종호가 작명한 것으로 한국예술종합학교 미술원 건축과 전문사 과정 연구에서 급격한 변화를 겪는 아시아의 도시들을 잠정적으로 가정하여 지칭하는 단어.

한강 연안지역 활용방안 연구, 임진강·한탄강 연안지역 활용방안 연구

건축가 이종호는 다독가이다. 여기서 다독의 대상은 책에 한정되지 않는다. 그는 그 대상이 책이든 사람이든 사회든 구분하지 않고 읽기를 즐겨했다. 그 읽어내려는 의욕의 뿌리에는 공공을 향한 적절한 희생정신이 배어있다. 그에겐 그렇게 읽은 내용을 기록하는 것이 연구였고, 한글로 쓰인 고지도가 그렇듯 건축가 이종호의 공공연구는 다음 사회와의 대화를 위한 소중한 재료로써 기능할 것이라 믿었던 것 같다. 나는 이 글을 통해 공공연구에 대한 그의 커다란 자세를 살피고, 그가 수행한 두 개의 수계 연구 과제인 <한강 연안지역 활용방안 연구>**주3**와 <임진강 · 한탄강 연안지역 활용방안 연구>**주4**에서 어떻게 구체적 실천을 이루려 했는지 읽어내려 한다.

주3. 경기도시공사, 2009

주4. 경기도시공사, 2010

물의 이름 지우기, 땅의 이름 짓기, Real DMZ

물길에 이름을 붙이는 일만큼 어려운 일도 없을 것이다. 물길이 두 갈래로 분리되면 이름도 달라진다지만 그 경계를 가늠하기란 관념으로만 가능한 일이다. 게다가 한 덩어리 물의 소속을 밝히자면 더욱 골치가 아파진다. 물리적으로는 같은 물이나 그것이 흐르는 위치에 따라 이름을 달리하니 말이다. 철원 평야를 가로질러 흐르던 한탄강 물은 연천 당포성 인근 임진강 합수구역에 이르러 임진강 물이 되고, 같은 물이 파주 오두산 통일전망대 근처에선 한강 물로 이름을 바꾼다. 달리 말해 한탄강은 임진강의 지류이고 임진강은 한강의 지류라는 얘기다. 이렇듯 한강, 임진강, 한탄강은 서로 이어져 한반도 최대 수계를 형성한다. 이 최대 수계의 영역은 경기, 강원, 충청에까지 이른다.

물에는 분단이 없다. 하지만 우리는 강물에 이름을 붙이듯 남과 북의 물을 구분하고 물의 비경계성을 파괴했다. 지난 60여 년간 서서히 지속돼온 비무장지대DMZ, demilitarized zone 접경 연안지역의 쇠락은 남북의 정치적 상황으로 인한 수계의 경역화境域化에 기인한 것으로 봐도 무방할 정도다. 수계 경역화에 의한 수운**주5**과 같은 친수활동의 정지는 하안河岸 거점지역들의 본래 기능을 앗았다. 그리고 그들은 새로운 역할을 부여받지 못한 채로 중성 지역화됐다. 수운이 발달했던 시대의 수많은 나루터와 그들이 쉬어가던 여각**주6** 주변의 풍경은 온데간데없이 사라지고 저수지에 물이 고이듯 한반도 중앙의 이 땅들은 동력을 잃은 단말端末, terminal지대가 되었다.

한강, 임진강, 한탄강은 군사분계선**주7**을 넘나들며 오랜 세월 정지된 친수활동의 재활을 기다리고 있다. 특히 한강과 임진강의 합수영역은 과거 수운이 활발했던 지역이다. 근대 이후 철로 역할의 확대와 분단 이후 하구 통행의 제한은 연안의 의미를 축소시켰으며, 현재는 모든 친수활동이 정지되었다. 그에 따라 연안의 수많은 나루터나 조창**주8** 등은 흔적만 남았고, 그에 면한 도시들 또한 본래의 기능을 상실했다. 즉 건축가 이종호의 <한강 연안지역 활용방안 연구>와 <임진강 · 한탄강 연안지역 활용방안 연구>는 결국 이러한 연안지역 잠재 기회의 창발**주9** 가능성을 짐작하는 것이었다.

각각의 연구는 당시 정부의 '4대강 재탄생 사업'과 DMZ를 세계적인 생태 · 평화벨트Eco-Peace Belt로 조성하겠다는 '남북교류 · 접경권 초광역개발 기본구상'을 배경으로 진행되었다. 연구 내용의 범위는 연안지역의 공간구조 변화에 대한 추적과 예측, 연안시설 정비방안, 연안의 개발 방향 및 기본 구상 수립, 그리고 이를 위한 제도 개선 등이다. 각각의 내용들 모두 결코 쉽게 결정하기 힘든 중요한 사안들이다. 이러한 사안을 대할 때 지녀야 하는 큰 원칙들을 이종호는 네 가지로(장소성, 역사성, 합목적성, 지속가능성) 구분하여 지키려 했다. 세부 내용으로는 기후, 식생, 지형, 경관에 대한 고려부터 주변지역과의 연계, 시대적 변화의 수용, 지역사의 연속성 등 다양한 고민들이 정리됐다.

과업의 배경이나 목적 등을 이해하고 난 다음 그가 한 첫 번째 단계는 수색이었다. 무엇이 중요한지, 옳은지 여부를 떠나 가능한 많은 양의 기초 데이터를 수집하는 것이다. 그 이후 탐색의 단계로 돌입하는데, 수색은 양적 데이터의 축적이라면 탐색은 선별과 가시화 작업에 가깝다. 그 기초 데이터 속에 숨어있거나 파편화된 함의들을 종합하여 지도 위에 도상화mapping하는 단계이다. 주로 선행연구나 기초자료를 활용하여 실 대상지의 형상에 의미 기호들을 더해 가며 이해를 높여가는 단계라고 설명할 수 있겠다. 이후 옛 나루터나 연안도시와 같은 한정된 지역의 구조 조

주5.
강이나 바다를 이용하여 사람이나 물건을 배로 실어 나름

주6.
조선 후기, 연안 포구에서 상인들의 숙박, 화물의 보관, 위탁 판매, 운송 따위를 맡아보던 상업 시설

주7.
전쟁 중인 쌍방의 협정에 따라 설정한 군사 활동의 한계선

주8.
고려·조선시대에, 세곡(稅穀)의 수송과 보관을 위하여 강가나 바닷가에 지어 놓은 곳집

주9.
자율적으로 행동하는 개체 사이 및 환경과의 국소적인 상호 작용이 대역적인 질서를 창출하는 것

정이나 개선 방향이 정해지는 개념 도출 단계로 이어지는데 이 개념은 세부 사업대상지의 성격에 의해 다시 조정될 수 있다. 그 후 앞서 언급한 원칙들에 근거하여 사업별 구상을 하고 그것들의 우선순위와 세부추진방법을 고려하는 순서로 연구를 진행했다.

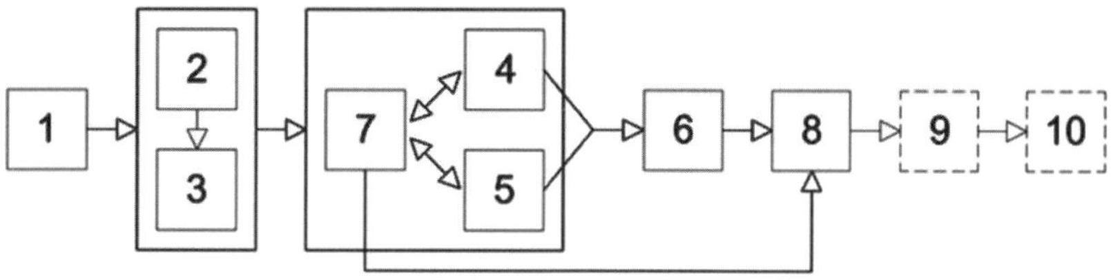

<한강 연안지역 활용방안 연구>와
<임진강·한탄강 연안지역 활용방안 연구>의 방법론

1.과업 이해
2.기본 이해-역사, 지리, 영역, 선행연구
3.도상 이해-구조, 자원, 생활, 선행연구, 시군계획
4.사업후보지
5.선정기준
6.사업대상지
7.개념도출
8.사업별 구상
9.우선순위
10.추진방법

한강 연안지역 활용방안 연구,
임진강·한탄강
연안지역 활용방안 연구

그리하여 이 연구로 이종호는 수계가 파고든 땅들을 기초로 새로운 남북관계를 상상할 수 있게 된다. 그 상상은 정치적 상황에서 비롯된 현 상태의 문제를 극복한 지역의 새로운 대안기능들이 합쳐져 연안지역뿐만 아니라 그들이 면한 비무장지대의 가능성을 재고할 수 있다는 믿음에 근거한다. 따라서 그의 물길연구는 연안지역의 재활을 넘어 남북 완충지대인 비무장지대 그 자체의 해석으로 돌입한다.

이종호가 주목한 분단의 키워드는 경계 그 자체보다는 수단으로서의 그 주변이었던 것 같다. 분단이라는 다의적 기호는 군사분계선 주변을 둘러싼 다양한 접경영역과 남북 역학관계의 변동에 의해 결정된다고 본 것이다. 60년 넘게 지속돼온 남과 북의 변화무쌍한 소통과 의미작용의 현상을 추적하고, 나아가 예측하기 위해서는 비무장지대와 그 너머의 민간인 출입통제구역**주10**, 그리고 접경지역**주11**이라는 소통의 기표 영역들을 잘 이해해야만 했다. 그곳에 어떠한 기의를 담아야 예측가능하고 성공적인 남북 소통의 단계에 진입할 수 있는가 또한 그의 주된 관심사로 보인다.

장소성 없는 장소, 분단 없는 장소, 수계의 적극적 해석은 그러한 경계 주변에 대한 정의의 확장으로 받아들일 수 있다. 이종호의 <한강 연안지역 활용방안 연구>와 <임진강 · 한탄강 연안지역 활용방안 연구>는 결국 이러한 수계의 기회를 가늠하는 연구 활동이었다. 그 종착은 접경영역, 그 중에서도 비무장지대로 향했다. 접경 수계의 이해를 그 주변 영역의 이해로 보았고, 비무장지대로 대표되는 접경 영역의 이해와 그를 바탕으로 제안한 실천의 실마리들이 한반도의 가장 커다란 이슈 중 하나인 남북의 관계변동 그래프와 어떠한 함수관계를 형성할 수 있을지 케이스별로 탐구해 보는 것이었다.

주10. CCZ(civilian control zone), 휴전선 일대의 군 작전 및 군사시설의 보호와 보안유지를 목적으로 민간인 출입을 제한하는 구역

주11. 민통선 이남 20km 이내 소재한 행정구역

이종호는 비무장지대 및 접경 영역이 이미 그 이름 안에 그 본태의 정의가 있다고 생각했다. 그가 작명하고 기획위원장을 맡은 <REAL DMZ PROJECT>라는 프로젝트명에서 알 수 있듯이 'REAL' 안에 비무장지대의 진정한 원형을 총체적으로 표현하고자 했다. 이곳이 그 자체의 원형을 찾기 위해선 비무장화de-militarized뿐만 아니라 비문명화de-civilized, 비정치화de-politicized 등 다영역의 제거de-과정이 필요하다고 생각했다. 60년 넘게 그 일대가 통제와 격리로 보존된 것은 사실이나 다양한 민간, 군사, 정치적 개입으로 일반이 기대하는 그 장소 본래의 순수성에 미치지 못하고 있으며, 그 완벽성은 의심스러웠기 때문이다. 그는 이곳이 기억되나 비워진 원시적 대안 공간이기를 원했다.

마리아와 사랑에 빠진 이종호

한예종 전문사 과정 중 'media in the city'라는 세미나 수업시간에 건축가 조성룡 선생이 프리츠 랑Fritz Lang주12의 영화 <메트로폴리스 Metropolis>주13를 소개한 적이 있다. 우리는 조성룡, 민현식 그리고 돌아가신 정기용, 이종호 등의 선생님들과 함께 이 영화를 감상했다. 도시의 통치자 조 프레더슨의 아들 프레더는 지하에 사는 노동자 마리아를 보고 반한 뒤 그들의 삶을 이해하게 되고, 이후 그는 자신이 노동자와 지배층과의 중재자가 되겠노라고 마리아에게 약속한다. 영화에서 프레더가 그의 아버지 손을 잡은 채 노동자에게 손을 내미는 장면을 기억한다. 머리와 손의 중재는 마음으로 가능하다는 대사는 참으로 근사하다고 생각했다.

■ 주12.
독일의 영화감독으로 <혼혈아>로 데뷔하여 표현주의 영화 <사멸(死滅)의 골짜기>로 재능을 인정받았다. 그 후 탐정극 <마부제 박사>, 공상영화 <메트로폴리스> 등을 발표하였으며 미국 이주 후에는 사회비판적 작품을 감독하였다.

■ 주13.
독일 표현주의를 대표하는 감독 프리츠 랑이 1927년 만든 최초의 장편 SF영화

건축가 이종호는 자신이 연구자가 아니라는 말을 강조했다. 대신 '건축가로서'라는 말을 즐겨 사용했다. 소위 건축가의 주된 역할은 분명 '상像'에 대한 담론이나 '상' 그 자체의 생산에 주된 비중이 있다. 동시에 사회적 역할 측면에서는 머리와 손의 중간자적 입장에 가깝다. 건축가가 미디어media를 다루는 이유는 소통하고 생산하기 위해서고, 그렇게 생산된 어떤 결과도 상당 부분 공공과 개인의 관계를 결정짓는 미디어의 역할을 부여받는다. 건축가는 끊임없이 중간자이며, 때로는 그 자체가 미디어이기도 하다. 하지만 우리 사회에 그 중간자의 역할이 결여되어 있음을 느낀다. 연구는 연구로서 그치고 텍스트는 텍스트로 머물며 그것이 손과의 논의의 수면 위로 올라오기란 어렵다. 건축가의 공공연구가 학자의 그것과 차이를 두어야 하는 이유다. 건축가 이종호가 그토록 공공연구에 매달린 이유는 이 사회의 결핍을 누구보다 깊이 통감했기 때문이다. 그동안 우리 사회는 건축가에게 소통보다는 생산을 강권해왔다. 그리고 건축가는 수긍하고 인정해왔다. 그러나 건축가 이종호에게 이러한 사회 내 역할 부재를 관망하는 것이나 마찬가지인 수긍과 인정을 받아들이기란 쉽지 않았던 것 같다. 그러한 측면에서 그의 '건축가로서' 다음에 붙는 동사는 그가 생각하는 이 사회의 결핍에 대한 통감과 사명이었다.

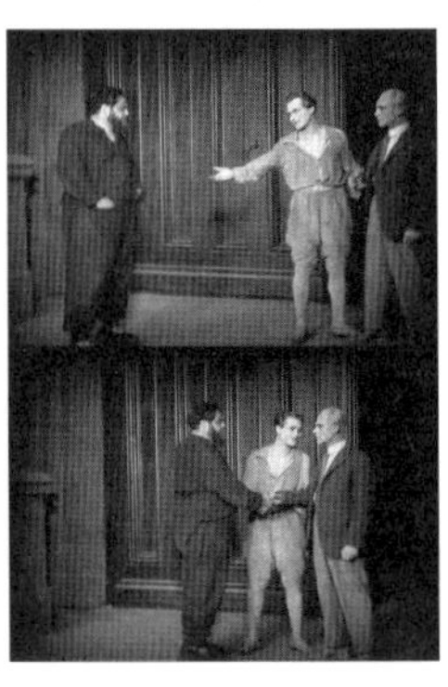

영화 〈메트로폴리스〉의 한 장면

건축가가 공간적 성격의 공공연구에 참여한다는 것은 그 지역과 공공에 대한 확장된 이해와 구체화된 요청의 공유를 앞당기는 동시에 연구자로서의 연구를 실체에

접근시키는 역할을 할 것이다. 그러므로 연구자로서의 공공연구와 건축가로서의 공공연구는 거리를 두고 동반, 교감되어야 한다. 실패한 공공재의 근본적 문제는 물음 없는 답에 있다. 물음이 없는 이유는 묻는 이가 없기 때문이며, 묻는 이가 없는 이유는 누가 물어야 할지 몰라서이다. 이러한 역할의 부재는 정책수립과 실현과정에서 물음 없이 답만을 강요하게 된다. 공공건축의 실현 마지막 단계에서 건축가의 수많은 물음은 쓸모없는 허황에 그친다. 건축가 이종호의 공공연구는 그 허황이 실황일 수 있다는 소망이었다. 이미 결정된 지침에 대한 다수의 동의를 위해선 그 결정을 이끈 많은 물음들의 시작과 공유가 너무 늦지 않아야한다는 자성이었다.
이종호와 그의 건축 및 문화계 동료들은 **1998**년 서울건축학교 여름워크샵을 시작으로 10년간 어김없이 전국에 소재한 건축 및 관련 학과 학생들과 다양한 한국의 도시들을 찾아나섰다. 관심 밖이던 한국의 지방 도시들은 주목받기 시작했고, 이후 지역적 가치에 대한 지방자치단체 스스로의 인식이 커졌다. 2005년 그는 한국예술종합학교에 부임하여 도시와 지역에 관한 다양한 연구 용역을 수행했다. '이종호 공공연구 출판을 위한 세미나'의 마지막 회에서 발제한 전남대 교수 이무용의 말에 따르면 "문화의 전당이 조성된 이제야 2005년 이종호, 민현식 선생님을 비롯해 그의 여러 동료들이 함께 수행한 광주 아시아문화중심도시 조성의 첫 번째 연구 용역 사업**주14**이 그 본래의 가치를 인정받고 있다"고 하니 반가운 일이다. 한예종 부임 이후 2005년부터 그가 떠난 2014년까지 전문사 과정 학생들과 함께 하이퍼폴리스라는 주제로 서울의 구석구석을 해독하고 작은 도시적 대안들을 고민해왔다. 2012년과 2013년 두 번에 걸친 을지로 연구에 관한 출판 작업은 건축가적 지역연구의 좋은 선례로 활용될 것이다. **주15, 주16**

주14. 『광주 아시아문화중심도시 기본구상』, 한국예술종합학교 도시건축연구소+㈜다산, 2005

주15. 『HYPERPOLIS 서울 을지로, 창발로 바라본 12개의 도시 건축적 시선』, 한국예술종합학교 미술원 건축과, 2012

주16. 『을지로2, 을지로를 말하는 17가지 도시건축적 시도들』, 우리북, 2013

한강 연안지역 활용방안 연구, 임진강·한탄강 연안지역 활용방안 연구

몇 달 전 비무장지대 내의 공원조성과 관련하여 한 국가기관의 포럼에 참관자 자격으로 참여한 적이 있다. 올바른 공원 조성을 위해 필요한 방법론을 만들어가는 모임으로 이해하고 자리에 앉아 펜을 들었다. 비무장지대 공원 사업과 관련된 정책 수행 및 연구자 그리고 각계 전문가들이 해당 분야와 관련해 좋은 생각들은 많이 이야기해 주었다. 하지만 각각의 좋은 생각들은 여전히 각 분야의 테두리를 벗어나지 못하고, 간헐적 논의의 말들은 회의 테이블 주변만을 맴돌다 문서철 속에만 남을 것이다. 이러한 생각의 모임이 진정 공공을 위한 생산의 시작으로서 기능하기란 쉽지 않아 보였다.

> 고 정기용 선생님께서 위의 글을 기고하셨던 시기와 비슷한 때인 2006년 가을 수업 중에 철학자 마르틴 하이데거의 말을 인용하시며, 이런 말씀을 하셨습니다. 존재는 장소에 거주하고 장소는 기억에 거주한다. 저는 이 말이 참 좋습니다.
>
> 선생님은, 우리들의 기억 속에,
> 영원히, 거주하실 겁니다.

위 글은 건축가 이종호를 향한 내 추모사의 마지막 부분이다. 이 땅의 머리와 머리,

머리와 손, 손과 손 사이에 대화가 요구된다. 마음을 지닌 중재자가 필요하다. 프리츠 랑의 영화에서처럼 머리의 아들만이 중재자로 선택받진 않았을 것이다. 남겨진 이들은 그 다수의 중재자로서 역할하기 위해 줄기차게 기억의 마음을 가져야 한다. 그 마음은 우리의 언어로 지도를 만들 것이다. 좁지만 구체적인 지도의 물길은 차별 없이 선박을 안내할 것이다. 마리아를 사랑하지 않고는 햇빛 없이 살 수 없고, 다짐의 약속도 불가하다. 이 사회에 대한 넓은 이해와 애정을 갖고 끈질기게 한국의 공간과 공공성을 탐색하며 도전한 이가 세상을 떠났다. 그가 떠나고 난 자리가 넓게 비어있지만 기억할 이들이 남아 있다. 그의 약속이 비어진 땅 밑에 있음을 안다. 그래서 그는 영원히 거주할 것이다.

한강 연안지역 활용방안 연구,
임진강·한탄강
연안지역 활용방안 연구

정이삭

에이코랩(a.co.lab) 소장. 서울시립대와 한국예술종합학교에서 건축과 도시를 공부했다. UA-SA, 동우건축에서 연구원으로 활동했고 유타건축 및 이앤오스튜디오 등에서 건축 실무를 했다. 그 외 해병대 시설장교로 6여단 공사과장을 지냈으며 동시대 미술기획 기관 '사무소'에서 근무했다. 이 기간 중 '광주 아시아문화중심도시 기본구상' 등의 연구에 참여하였고, '리얼 DMZ프로젝트 2013' 총괄 코디네이터로 활동한 바 있다. 2013년부터 에이코랩(a.co.lab)을 설립해 운영 중이다. 주요 작업으로는 〈에너지 자립형 DMZ 세계평화공원 조성을 위한 마스터플랜(안) 제작〉 〈철원 양지리 선전마을 민북가옥 리노베이션〉 〈연평도 도서관〉 등이 있다.

인터뷰

김태형 — 김성우

GSUA에서의 작업

도시를 읽고 논하고 실천한 삶

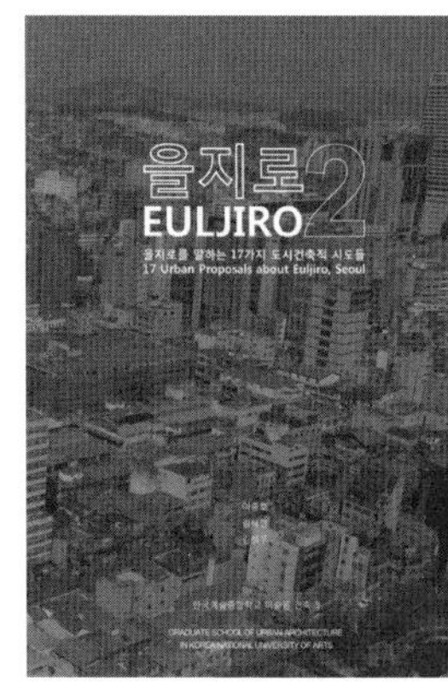

건축가 이종호의 공공연구 프로젝트 : 김태형, 김성우

다섯 갈래의 서울 읽기

『을지로-창발로 바라본 12개의 도시 건축적 시선』(이종호·김태형·김성우 외 공저, 우리북)과 『을지로2-을지로를 말하는 17가지 도시 건축적 시도들』(이종호·김태형·김성우 외 공저, 우리북)은 GSUA한국예술종합학교 미술원 건축과 전문사 과정, Graduate School of Urban-Architecture in Korea National University of Arts가 2012-2013년에 행한 도시 건축 연구의 결과물이다. "오늘날 건축의 과제가 곧 도시이며 동시에 도시는 곧 사회적 과정의 결과임을 믿는다"라고 시작되는 GSUA 소개말에서도 짐작할 수 있듯이 이 책은 도시의 가능성을 구조, 자원, 생활 현상에서 살펴보고, 그것을 새로운 논의로 이끌며, 궁극적으로 실천적인 대안을 제시하고 있다. 그런데 이 연구는 2006년 시작된 도시 탐구 <서울에 대한 다섯 갈래의 읽기>와도 무관하지 않다.

김태형 2006년부터 이종호 선생님과 함께 GSUA 수업을 진행하게 됐다. 선생님은 이미 이때부터 수업 주제로 향후 5년간의 서울 읽기에 대한 밑그림을 가지고 있었다. 그 첫 번째는 용산이었는데, 기지가 이전하면서 서울 중심에 생기는 공백을 하나의 도시 영역으로 바라봐야 한다는 입장에서였다. 이후 환상 지하철 2호선(2007), 한강(2008), 내부 순환도로(2009), 외곽 순환도로(2010) 등이 차례로 진행됐다. 2010년 후반부에는 그 연장선상에서 일산과 한강 사이의 넓은 유보지에 신도시를 모색하는 작업을 수행했다.

이론 없는 실천은 맹목적이다

다섯 번의 서울 읽기 후 이종호는 "서울의 많은 단면이 드러났다. 그 단면들이 서울의 모든 것을 말해 주지는 않지만, 그것들만으로도 실천의 목록을 만들기에 충분"하다고 판단하고 구체적인 목록을 만든다. 그리고 탐구되고 논의된 이슈들을 대상으로 실천적인 작업에 들어가면서 각각의 목록에 대한 이론적 배경을 공고히 다진다.

김태형 GSUA에 개설된 독특한 과목이 <이론과 실천>이다. 선생님은 이론과 실천, 실천과 이론 사이의 교차를 중요하게 생각하셨는데, 아닌 게 아니라 건축도 그렇고 특히 도시와 관련해서는 공부가 필요했다. 2011년부터 주제에 대한 일련의 세미나와 수업이 진행됐다. 강사를 초청하여 연속 강의를 진행하고 논의들을 해 나갔다. 들뢰즈, 프랑소와 아쉐르, 제인 제이콥스, 앤디 메리필드 등은 당시 학습의 대상이었다. 그밖에도 여러 이론가와 실천가들의 강좌가 열렸다. 2012년에는 '복잡계 및 창발성에 관한 도시-건축적 탐구' 세미나가 열렸고 2013년에도 'SEOUL GRID'의 탐구란 이름으로 연속 세미나를 가졌다. 학습은 선생님이 세상을 떠나던 날까지 세운상가에서 계속되었는데, 마지막 세미나는 발터 벤야민에 관한 것이었다.

김성우 2010년도에는 스튜디오의 주제와 이론 수업 주제가 정확히 일치하지 않았지만, 2011년 이후로 주제들이 밀접하게 엮여 서로 영향을 주고 받았던 것으로 기억한다. 이론을 위한 수업이지만 실천에 도움이 되는 방향을 염두에 두고 관련 전문가들을 모셔왔던 것 같다. 학생들이 스튜디오 주제와 관련된 소재거리를 들고 오면 이종호 선생님 이하 스튜디오 멤버들이 함께 모여 이야기를 들어보고 그것과 연관시켜 어떤 분을 모셔올 것인지를 의논하는 식이었다. 실제로 <SEOUL GRID의 탐구>는 국내 도시 전문가·학자들의 이야기를 통해 서울의 정체성과 도시 구조 사이의 상관관계를 확인하는 자리였다. 선생님은 지적 호기심이 대단하셨다. 나로서는 그 옆에서 이야기를 듣는 것만으로도 굉장한 행운이었다.

실천 없는 이론은 공허하다

2012년 'HYPERPOLIS에서의 실천'에서 구체적인 영역으로 선택된 곳은 '을지로'였다. 을지로와 그 주변은 도시의 오랜 진화 과정 속에서 매우 복잡한 "혼돈의 질서"로 채워졌고, 현재는 쇠락과 재개발의 그림자 속에서 더더욱 불안정한 형국이다. 그러나 이종호는 이곳에서 어떤 잠재력을 찾을 수 있다고 믿었다. 2012년의 을지로 작업은 "을지로를 뼈대로 삼아 이 간선도로 주위에 펼쳐져 있는 도시 구조, 도시 자원, 도시 생활의 현상을 일종의 잠재력으로 읽어 보려는 작업이다."

김태형 5년 동안의 서울 읽기는 해를 거듭할수록 스케일이 점점 커졌다. 2010년 스튜디오에 합류한 김성우 선생과 함께 논의했던 것이 스케일을 좀 줄이고 이론적으로 읽은 서울의 문제를 실천으로 옮겨보자는 것이었다. 다이어그램만으로 표현됐던 도시에 대한 아이디어를 모형으로 만들어 보자고 했다.

김성우 이종호 선생님은 건축가로서 도시를 읽는 것에 관심이 많으셨다. 그것은 도시의 작은 요소부터 큰 스케일까지를 하나로 엮어서 풀어내고, 손으로 만질 수 있는 도시를 만드는 것과 관련된 것이다. 다섯 번의 서울 읽기가 서울을 이해하는 데 크게 도움은 되었지만, 적극적으로 실현 가능한 방법들을 제시하기에는 부족한 점이 많다는 자체 평가가 있었다. 그래서 2012년의 주제를 선택할 때 전제가 되었던 것이, 좁혀진 범위와 압축된 내용으로 이론뿐만 아니라 실천 가능성까지 바라볼 수 있는 지역을 선정하는 거였다. 그것에 서울의 중심부터 다시 한 번 살피자는 의미가 더해져 을지로가 선택된 것이다.

김태형 세운상가군 철거 계획의 취소와 블록 단위 전면 철거 방식의 폐기는 우리로 하여금 을지로를 한번 더 바라보게 했다. 2013년에는 을지로에서 두 번째 GSUA의 작업이 이뤄졌다.

> 을지로의 복잡한 상황을 현장에서 몸으로 부딪혀 가면서 읽어내려고 한 점은 "기억의 가치와 소중함이 말해져도 현장에서 벌어지고 있는 일들에 대해서는 무기력할 뿐"이라는 반성에서 시작된다. 무질서마저도 도시의 진화라고 생각했던 이종호는 그것을 제대로 읽고 그 방향을 탐색하면, 아주 위험스러운 일이긴 하나 방향을 조절할 수도 있다고 보았다. 이때의 도시는 하나의 복잡계로서의 도시이다.

김성우 복잡한 도시를 다룰 때 보통은 곁가지들을 쳐 내고 큰 그림을 그리곤 하는데, 선생님은 오히려 세밀하게 현장에서 읽을 수 있는 것들을 중요하게 생각하셨다. 도시의 틈새에서 작은 가능성들을 찾아냈던 것이다. 일례로, 처음 수업이 시작될 때 학생들에게 내주셨던 과제가 기억난다. 대상지를 둘러보면서 낯설고 신기한 게 있으면 각자 30개씩 가지고 오라고 하셨다. 학생들은 길이 어떻게 나 있고 법이 어떻게 적용되어 있는지와 같은 일반적인 내용이 아닌, 직접 거리를 걸으면서 낯설고 신기한 경험들을 찾아왔고 그것을 주제 삼아 토론식 수업을 진행했다. 아마도 선입견을 갖지 말라는 의도에서였을 것이다. 도시를 새로운 눈으로 바라보고, 직접 체험한 것을 이해할 수 있게 표현해 보고, 또 우리가 이해한 것을 다른 사람에게 전달하는 방법을 찾아보는 방식으로 수업이 진행됐다.

> 2013년 GSUA의 두 번째 을지로 작업에서는 세운재정비촉진지구계획을 변경하는 발표와 맞물려 을지로에 밀접한 영역으로서 세운지구가 가져야 할 의미를 찾는 과제가 더해졌다. 이종호는 "세운지구와 을지로의 젠트리피케이션이 이루어지지 못한 데는 경제적 위기 때문이 아닌, 세운지구 지층 아래 버티고 있는 만만치 않은 잠재력 때문"으로 보고, 현재 활력을 잃어가고 있는 이 지역의 잠재력을 끌어당겨 을지로와 접속시키는 방법을 모색했다. 그것은 구

체적으로 세운상가군 내외부 공공영역의 네트워크를 이루어내는 것으로 설정이 됐다.

김태형 공공영역이 도시 안에서 소통되고 제대로 기능을 하면 도시가 훨씬 좋아질 수 있다. 공공영역에 대한 것은 을지로 프로젝트 이전에도 많이 강조되긴 했지만, 내 세우기엔 너무나 상식적인 이야기다. 어떤 프로젝트든지 공공영역의 소통과 네트워크는 기본이니까. 다만 을지로 프로젝트에서는 이런 것들이 결핍된 세운지구의 현재 모습을 진단하고 활기를 북돋는 방법을 찾다보니 직접적으로 이야기되고 강조된 것이다.

김성우 을지로 프로젝트를 진행하면서 세운상가를 자세히 들여다보니 결코 동면 상태에 빠져 있는 곳은 아니었다. 자생적인 움직임들은 분명히 있는데 그동안 크게 관심을 받지 못했을 뿐이었다. 을지로, 세운지구 등은 도심 한가운데 작은 산업들이 거미줄처럼 형성되어 있는 서울의 독특한 지역 중의 하나이다. 선생님은 남북을 가로지르는 축으로서 세운상가와 동서를 가로지르는 축으로서 을지로가 서로 영향을 주고받으면서 서울을 새롭게 재생할 수 있는 가능성을 갖게 될 것이라고 보신 것 같다.

세상과 이별하기 전 이종호는 세운상가의 보존과 연구에 집중하기 위해 작업실을 아예 현장으로 옮긴다.

김성우 세운상가에 작업실을 만드시는 것을 보고 그곳에서 '제2의 건축가의 인생을 시작하시려나 보다'라고 생각했다. 이론의 정리와 실천적 실험을 거쳐 드디어 행동으로 옮겨 보려는, 당신의 생각을 한번 펼쳐 보려는 단계가 아니었을까.

김태형 세운상가가 보존이 되면서 앞으로 일어날 일에 대한 계획이나 비전을 가지셨을 거란 생각이 든다. 한예종 졸업생 중에 사당재개발지역 마을만들기 공모에 당선된 친구들이 있다. 근데 재개발은 큰 엔니지어링 단위로 움직이니까 특별히 조언해 줄 것은 없고, 대신 너희가 그곳의 주민이 되라고 제안을 하셨다. 결국 그 친구들이 직접 마을에 살면서 주민 참여로 회사를 선정하고, 마을 입장에서 목소리를 내면서 일을 꾸려간 적이 있다. 나중에 들었는데 임대료를 선생님이 내 주셨다고 하더라. 아마 세운상가도 그런 차원에서 직접 주민이 되신 게 아닌가 하는 생각도 들었다.

건축가, 도시를 탐구하고 기록하다

2012년 12월 'HYPERPOLIS에서의 실천'인 을지로 작업은 『을지로-창발로 바라본 12개의 도시 건축적 시선』이란 제목으로 묶여져 나왔고, 또 한 번의 작업을 통해 2013년 『을지로2-을지로를 말하는 17가지 도시 건축적 시도들』이 발간됐다.

김태형 2006년부터 시작된 '서울 읽기' 과제를 매년 책으로 엮어보려고 했지만 여의치 않았다. 2012년에는 아예 한 달 동안 책 만드는 작업을 수업 과정의 일부로 조정하여, 어렵지만 자체적으로 책을 내 보려고 했고, 결과적으로 도시를 향한 우리의 질문과 고민이 잘 담겨 있는 첫 책이 나오게 됐다. 판매를 해서 외부에도 일반인에게도 도시를 향한 우리의 목소리를 들려주자는 취지가 있었지만, 그렇게 홍보가 많이 되진 않았다. 그럼에도 책을 본 사람들은 적지 않은 관심을 가져 주었고, 영문판에 대한 요구도 있었다. 이에 힘입어 2013년 첫 책을 보완해서 두 번째 책을 내 놓았다. 당시 서울연구원의 지원금은 영문 번역 게재에 큰 도움이 됐다.

김성우　　반응도 1권보다는 2권 때가 더 좋은 것 같다. 적극적으로 홍보를 하지는 못했지만 우리가 알고 고민했던 내용을 우리 안에만 가두어 두지 않고 사회에 목소리를 내고자 했던 것이 어려운 여건에서 책을 발간할 수 있었던 원동력이었다.

김태형　　도시에 꼭 디자인 이슈만 있는 것은 아니라서 여전히 사람들은 이 작업이 건축인지 의문을 제기할 수도 있다. 그러나 우리의 목표가 건축 프로젝트를 향해 있다는 사실만은 분명하다. 다만 그 사이사이의 읽을거리를 최대한 많이 읽어내려고 했다. '도시' 안에서 '건축'을 관찰하고 기록한 셈이다. 그동안 여러 시행착오를 거치면서 여기까지 온 것 자체가 굉장히 의미있다고 생각한다. 오히려 건축이 무엇인가보다는 건축이 할 수 있는 역할의 가능성을 탐구하고 확장하는 일이었다고 평가한다. 혹자가 여전히 건축이 아니라고 생각한다면, 굳이 한계와 형식을 스스로 설정하는 건축으로 불리지 않아도 좋다. 우리의 도시와 그 속의 삶을 변화시킬 수 있는 새로운 논의를 지속할 수 있다면 상관없지 않을까.

HYPERPOLIS, 창발, 복잡계, 식역……. 이종호의 도시 읽기와 일련의 학습 과정 속에서 발견되는 낱말이다. 특히 HYPERPOLIS와 창발은 도시 서울을 정의내리는 데 자주 언급이 된다. 이를 테면 『을지로1』 서문에서 그는 모든 학습이 '창발의 도시, HYPERPOLIS 서울'이라는 가설의 입증을 위해서라고 밝히고 있고, 『을지로2』에서도 "서울은 창발의 기회를 부르는 HYPERPOLIS가 될 것"이라고 말한다. HYPERPOLIS란 도시화 과정이 "불연속적이며 균열을 내재한 근대의 역사와 정확히 일치하는" 한국과 아시아의 도시를 일컬으며, 창발이란 "하위 계층(구성 요소)에는 없는 특성이나 행동이 상위 계층(전체 구조)에서 자발적으로 돌연히 출현하는 현상"을 말한다. 그에 따르면 창발 현상을 발생시키는 구성 요소들을 "갖추고 생성·변화해 나가는 조직이 도시라는 초유기체적 사회"이며, 그 속성이 압도적으로 나타나는 도시가 바로 서울이다.

김성우　　굉장히 많은 자료와 학습과 경험을 토대로 개념들이 하나의 단어로 축약된 거다. 한마디로 정의할 수도 없는 것이고, 선생님 또한 개념어에 대한 구체적인 설명은 잘 안하셨다. 오히려 우리가 나름대로 해석한 것을 듣고 대화하는 것을 좋아하셨다. 늘 질문을 던지고 돌아오는 대답들에 수용적 태도를 취하셨다. 그런 과정 속에서 용어들이 점점 영글어간 거라고 생각한다.

김태형 하이퍼폴리스를 100% 이해한 건 아니지만, 5개의 서울 읽기와 을지로를 통해 서울에서 건축을 얘기하려면 도시의 구조와 역사를 빼고는 이야기할 수 없다는 것을 절실히 느꼈다. 이를 테면 2010년 외곽 순환도로를 주제로 수업에 참여했을 때 송도 신도시를 답사한 적이 있는데, 계획된 도시 위에 번듯한 건축물들이 아무런 맥락없이 땅에 박혀있는 모습은 여러 가지 생각을 하게 해 주었다.

김성우 서울은 매력적이고 엄청난 잠재력을 가졌음에도 불구하고 그것을 발견하거나 발현시키는 사람들은 상대적으로 적은 편이다. 그래서 잠재력이 묻히고 지워지는 경우가 많다. 우리 역시 학습을 통해 더 잘 알게 되었고, 알게 된 이상 조금 더 세밀하게 들여다볼 필요가 있었다. 너무 범위가 넓어서 엄두가 안 나는 도시더라도 그 안에서 정말 무슨 일이 벌어지고 있는지를 몸으로 부딪혀 발견해 내는 과정은 반드시 필요하다.

김태형 이종호 선생님의 도시 현실에 대한 관심은 비단 GSUA에서의 작업에 국한되지 않았다. 한 가지 사례를 든다면, 2012년 과천 정부종합청사가 빠져 나간 후의 도시 과천의 미래를 고민하는 모임에 선생님이 직접 관여를 하셨는데, 이것을 좀더 공개적으로 논의해 보자고 한 것이 2012 sa인터스튜디오 전시회 <전원 도시 과천-지속 가능한 비전을 그리다>이다. 선생님의 주도로 진행이 됐고, 학생들의 참여가 많아서 현실성은 좀 떨어졌지만 좋은 얘기들이 오가고 여러 가지 아이디어들이 책으로 묶여 나오기도 했다. 선생님은 GSUA의 작업 역시 다른 건축가는 물론 시민들이 함께 공유하고 함께 참여할 수 있는 프로그램으로 확장되기를 원하셨던 것 같고, 또 실제로 그런 계획을 가지고 있었던 것으로 안다.

결국 좋은 뜻, 좋은 정신을 기리고 실천으로 잇는 것은 언제나 남은 자들의 몫이자 의무일 것이다.

김태형 GSUA 수업을 통해 전개됐던 내용은 물론 기타 공공 프로젝트 작업까지, 이종호 선생님의 작업을 어떻게 이어갈 것인지에 대해서는 모여서 함께 상의 중이다. 사실 연구 보고서라는 게 대외비가 많다. 공개가 안 되어서 그런 건지 선생님이 하신 공공 프로젝트 작업은 알려진 게 많지 않다. 그래서 그것을 좀 알려야겠다는 생각을 하고 있다. 복잡한 진행 과정이 생략된 채 얇은 보고서 하나씩만 남아 있는 상태라서 어려움은 있다. 다행히도 학생들이 자발적으로 모여서 선생님의 작업을 다시 공부하겠다는 의지를 보여주었다. 수업을 통해 배웠던 것을 기억하면서 보고서를 읽고 해석하겠다는 거다. 그 과정에서 선생님의 공공 작업이 정리될 수 있을 것 같다. 그러다 보면 누구에 의해서든 어떤 형태로든 이종호 선생님의 사유와 작업들을 이어나갈 수 있지 않을까 한다.

인터뷰어 | 정귀원(와이드AR 편집장), 와이드AR 39호 게재

판권

하이퍼폴리스
건축가 이종호의 공공연구 프로젝트

[와이드AR 특별판 01]
1판1쇄 인쇄 2015년 2월 14일
1판1쇄 발행 2015년 2월 21일

기 획 한국예술종합학교 도시건축연구소
함께 지은이 강수미, 김봉렬, 김선정, 김성우, 김태형, 박성진, 변창흠,
원홍재, 이선철, 이종우, 장용순, 전수환, 정이삭, 조명래,
발행인 전진삼
발행처 간향미디어랩
편집장 정귀원
디자인 노희영 반하나프로젝트

등 록 제313-2010-364호
주 소 서울시 마포구 양화로 175(동교동, 마젤란21오피스텔 909호)
편집실 전화 02-2235-1960 팩스 02-2235-1968

판매대행 시공문화사
주 소 서울시 서대문구 독립문 공원길13(현저동, 극동프라자 502호)
영업팀 전화 02-3147-1212, 2323 팩스 02-3147-2626

ISBN 978-89-956175-4-0 93600
값 15,000원